海河流域典型水体中药物与个人护理品的环境行为与潜在风险

张盼伟　吴文强　著

黄河水利出版社
·郑州·

图书在版编目(CIP)数据

海河流域典型水体中药物与个人护理品的环境行为与潜在风险/张盼伟,吴文强著. —郑州:黄河水利出版社,2022.8

ISBN 978-7-5509-3341-5

Ⅰ.①海… Ⅱ.①张…②吴… Ⅲ.①海河-流域-水污染-有机污染物-研究 Ⅳ.①X522

中国版本图书馆 CIP 数据核字(2022)第 134518 号

出 版 社:黄河水利出版社　　网址:www.yrcp.com

地址:河南省郑州市顺河路黄委会综合楼 14 层　　邮政编码:450003

发行单位:黄河水利出版社

发行部电话:0371-66026940、66020550、66028024、66022620(传真)

E-mail:hhslcbs@126.com

承印单位:广东虎彩云印刷有限公司

开本:787 mm×1 092 mm　1/16

印张:7.5

字数:173 千字　　印数:1—1 000

版次:2022 年 8 月第 1 版　　印次:2022 年 8 月第 1 次印刷

定价:60.00 元

前　言

药物与个人护理品(pharmaceuticals and personal care products,PPCPs)是目前环境领域研究的热点,其具有使用非常广泛、对生态环境有潜在危害性等特点,同溴代阻燃剂(brominated flame retardants, BRFs)、全氟类化合物(perfluorinated compounds, PFCs)等被列为环境中新型有机污染物。PPCPs 最早是由 Christian G. Daughton 在 1999 年出版的《Environment Health Perspectives》中提出的,随后 PPCPs 就作为药物与个人护理品的专有名词被科学界广泛接受并使用。

PPCPs 所包含的化合物种类繁多,药物通常包括各种处方药和非处方药(如抗生素、抗菌药、消炎止痛药、抗癌药、β-受体阻滞剂、血脂调节剂等);个人护理品(personal care products, PCPs)主要包括化妆品、杀菌剂、消毒剂、防腐剂、驱虫剂等。PPCPs 已经渗透到人们日常生活的各个方面,生产量和使用量都呈逐年递增的趋势。我国人口众多,目前已经成为世界第一大药物生产国,同时也是全球最大的药品市场之一。大量药物在生产和使用过程中,可以通过各种途径进入环境并在生物体内蓄积,然后通过改变微生物群落结构和在食物链中的累积对人体和生态环境造成潜在危害。

基于超高效液相色谱-串联三重四极杆质谱联用技术,本书建立了水中 28 种 PPCPs 化合物的检测方法,沉积物中 18 种 PPCPs 的检测方法。PPCPs 在水中的检出限为 0.2~2.0 ng/L,定量限为 0.6~6.0 ng/L,回收率为 73.8%~112%。PPCPs 在沉积物中的检出限为 0.2~0.8 ng/g,定量限为 0.6~2.5 ng/g,回收率为 65.3%~123.5%,相对标准偏差均小于 20%。应用建立和优化的 PPCPs 检测方法对海河流域典型水体白洋淀、官厅水库、北京城区河流、海河流域地表水源地及典型城市地下水中 PPCPs 分布状况、环境行为及潜在风险进行评价,为本区域 PPCPs 治理与削减工作提供数据支持,具有重要的现实意义。

本书是作者在总结课题组多年研究成果的基础上撰写而成的,本书的研究和写作承蒙流域水循环模拟与调控国家重点实验室提供的优良的技术条件,在此表示感谢。由于药物和个人护理品涉及内容广泛,可供借鉴的理论和实践不多,书中难免有不当之处,还需进一步深入研究。但愿本书的出版有助于我国在相关领域研究水平的提高,并推动其在水环境保护中的实践与应用。

作　者

2021 年 12 月

目　录

第1章 总 论

1.1 药物与个人护理品概述

药物与个人护理品(pharmaceuticals and personal care products,PPCPs)是目前环境领域研究的热点,其具有使用非常广泛、对生态环境具有潜在危害性等特点,同溴代阻燃剂(BRFs)、全氟类化合物(PFCs)等被列为环境中新型有机污染物。PPCPs最早是由Christian G. Daughton在1999年出版的《Environment Health Perspectives》中提出的,随后PPCPs就作为药物与个人护理品的专有名词被科学界广泛接受并使用。

PPCPs主要包括人类使用药物和兽用药物、个人护理品等,如人用及兽用抗生素、抗癫痫药、降压药、β-受体阻滞剂、消炎止痛药、避孕药等;个人护理品(personal care products,PCPs)主要包括化妆品、香料、洗发水、遮光剂、香皂等。我国是药物,特别是抗生素药物生产和使用的大国,药物的生产量占世界总产量的20%,其中生产的药物活性成分约1 500种;同时,我国PCPs消耗量占全球消耗量的比例仅次于美国(19.1%)和日本(9.4%),为6.5%。虽然大部分PPCPs半衰期较短,但是PPCPs在人类生产、生活及畜牧业养殖及水产养殖等活动中大量和广泛使用,源源不断地进入水环境中,造成PPCPs在环境中的“假性持续性”现象。随着经济的发展及人民生活水平的不断提高,PPCPs使用量必将越来越大,这将使得PPCPs在环境中长期存在。随着分析检测技术的不断发展,在许多环境介质中都有PPCPs检出,如地表水、地下水、污水、沉积物及土壤等。经过人类直接排放或污水处理厂处理工艺没有去除的PPCPs对生态环境存在潜在风险,对环境微生物,甚至植物、动物具有潜在生态毒性,对人类健康也存在一定风险。

1.2 PPCPs使用情况

PPCPs包括成千上万种化合物,如人用或兽用抗生素类药物、消炎止痛药、中枢神经兴奋剂、抗癫痫药及避孕药,以及人们用于日常清洁的护理品,如洗涤剂、化妆品、芳香剂、遮光剂等一系列涵盖范围非常广、人们日常生活中大量使用的物质。每年全球都会消耗大量不同种类的PPCPs。在20世纪90年代,德国PPCPs化合物的年产量已经达到55万t。随着我国经济的快速发展和人民生活水平的不断提高,我国有关PPCPs化合物的消耗量持续增加,目前,我国已经是仅次于美国和日本的第三大PPCPs消耗国。据统计,我国目前大约有7 000家医药生产企业,仅青霉素一种抗生素的年产量就将近3万t,约占世界青霉素产量的60%;土霉素年产量大约为1.2万t,年产量约占世界总产量的70%。我国人口众多,PPCPs相关产品,尤其是抗生素类药物使用量非常大,我国大约有70%的处方药都是抗生素类药物。

个人护理品主要是指用于个人身体、皮肤保养等方面的物质，主要是以涂擦、喷洒或其他方法，散布于人体表面以达到清洁、消除不良气味、保护皮肤、美容或修饰目的的日用化学品。随着人们对自身卫生状况重视程度的增加，必然会增加人们对个人护理产品的需求，从而增加环境中 PPCPs 的蓄积风险。杀菌消毒剂及清洁剂等物质具有去油污、杀死病菌等作用，已经被广泛应用到人类的洗涤用品中。表面活性剂作为人们日常洗涤用品中的主要活性成分，使用历史已经超过了 100 年，其应用已经从普通的家用清洁用品扩大到国民经济的各个部门，如农业、食品、林业、交通、环保、建材等。目前，世界每年表面活性剂的产量至少达到 1 500 万 t，品种将近 2 万个，其中在工业中的应用占到了年产量的 55%。在欧美等发达国家，表面活性剂的用量已经占到了世界年产量的 60%以上。近年来，我国表面活性剂的用量快速增长，目前已经有 600 多家相关企业生产表面活性剂，已经具有了相当的规模，我国每年生产的表面活性剂大约有 65 万 t，其中，表面活性剂在工业上使用范围特别广，且其用量已经占到了年产量的 40%。

1.3 PPCPs 种类、来源及迁移转化

1.3.1 PPCPs 种类

PPCPs 使用范围非常广泛，人类在生产生活等活动中都会使用到 PPCPs 相关物质。目前，PPCPs 已经在地表水及地下水环境中被广泛检出，特别是城市水环境中检出浓度较高，已经成了水环境中的重要污染物，药厂、医院废水、居民生活污水已经成为水环境中 PPCPs 物质的主要污染来源。PPCPs 主要包括抗生素、止痛药、抗癫痫药、降压药、β-受体阻滞剂、消炎药、避孕药及个人护理品等。根据已有的文献报道，水环境中检出的主要 PPCPs 见表 1.1。

(1)抗生素：主要是指由微生物(包括细菌、真菌、放线菌属)或高等动物、植物在生活过程中所产生或释放的具有抗病原体或其他活性的一类次级代谢产物，能干扰其他生物细胞发育功能的化学物质，常用于治疗敏感微生物(常为细菌或真菌)所致的感染。抗生素的作用主要是抑制其他微生物的生长(抑菌作用)或将其他细菌杀死(杀菌作用)，通常情况下，抗生素对其宿主不会造成非常严重的毒副作用。抗生素的种类主要有 β-内酰胺类、大环内酯类、喹诺酮类、四环素类、磺胺类、氨基糖苷类、氯霉素类、非甾体类和抗真菌药等。抗生素主要用在疾病治疗方面，可治疗大多数由细菌、支原体、衣原体、立克次氏体、螺旋体等微生物感染引起的疾病。抗生素如果不能完全被生物体(人或动物)吸收，很大一部分将会以原形或其代谢产物的方式随粪便或尿液的形式排入环境中。排入环境中的抗生素及其代谢产物作为环境外源性物质有可能会对生态及环境生物产生影响，并最终可能对人类健康及生存造成负面影响。我国是抗生素生产和使用的大国，据统计，我国 70%以上的住院病人会使用抗生素进行治疗，抗生素的滥用情况非常严重。

表1.1 水环境中常见的PPCPs

中文名称	英文名称	CAS号	分子式	药剂学类别
对乙酰氨基酚	Acetaminophen	103-90-2	$C_8H_9NO_2$	止痛剂、退热药
咖啡因	Caffeine	58-08-2	$C_8H_{10}N_4O_2$	中枢神经兴奋剂
地尔硫卓	Diltiazem	42399-41-7	$C_{22}H_{26}N_2O_4S$	钙通道阻滞剂
卡马西平	Carbamazepine	298-46-4	$C_{15}H_{12}N_2O$	抗抑郁剂、抗惊厥药
氟西汀	Fluoxetine	54910-83-3	$C_{17}H_{18}F_3NO$	抗抑郁剂
磺胺嘧啶	Sulfadiazine	68-35-9	$C_{10}H_{10}N_4O_2S$	磺胺类抗生素
磺胺甲恶唑	Sulfamethoxazole	723-46-6	$C_{10}H_{11}N_3O_3S$	磺胺类抗生素
磺胺二甲嘧啶	Sulfamethazine	57-68-1	$C_{12}H_{14}N_4O_2S$	磺胺类抗生素
甲氧苄啶	Trimethoprim	738-70-5	$C_{14}H_{18}N_4O_3$	抗菌剂
土霉素	Oxytetracycline	79-57-2	$C_{22}H_{24}N_2O_9$	四环素类抗生素
四环素	Tetracycline	60-54-8	$C_{22}H_{24}N_2O_8$	四环素类抗生素
金霉素	Chlortetracycline	57-62-5	$C_{22}H_{23}ClN_2O_8$	四环素类抗生素
强力霉素	Doxycycline	564-25-0	$C_{22}H_{24}N_2O_8$	四环素类抗生素
阿奇霉素	Azithromycin	83905-01-5	$C_{38}H_{72}N_2O_{12}$	大环内酯类抗生素
红霉素	Erythromycin	114-07-8	$C_{37}H_{67}NO_{13}$	大环内酯类抗生素
泰乐菌素	Tylosin	1401-69-0	$C_{46}H_{77}NO_{17}$	大环内酯类抗生素
林可霉素	Lincomycin	154-21-2	$C_{18}H_{34}N_2O_6S$	大环内酯类抗生素
氧氟沙星	Ofloxacin	82419-36-1	$C_{18}H_{20}FN_3O_4$	喹诺酮类抗生素
诺氟沙星	Norfloxacin	70458-96-7	$C_{16}H_{18}FN_3O_3$	喹诺酮类抗生素
环丙沙星	Ciprofloxacin	85721-33-1	$C_{17}H_{18}FN_3O_3$	喹诺酮类抗生素
罗红霉素	Roxithromycin	80214-83-1	$C_{41}H_{76}N_2O_{15}$	喹诺酮类抗生素
萘普生	Naproxen	22204-53-1	$C_{14}H_{14}O_3$	消炎止痛药
布洛芬	Ibuprofen	15687-27-1	$C_{13}H_{18}O_2$	消炎止痛药
三氯生	Triclosan	3380-34-5	$C_{12}H_7Cl_3O_2$	抗菌剂
三氯卡班	Triclocarban	101-20-2	$C_{13}H_9Cl_3N_2O$	抗菌剂
17α-雌二醇	Estradiol	57-91-0	$C_{18}H_{24}O_2$	雌激素类
雌酮	Estrone	53-16-7	$C_{18}H_{22}O_2$	雌激素类
雌三醇	Estriol	50-27-1	$C_{18}H_{24}O_3$	雌激素类
乙炔雌二醇	Ethinylestradiol	57-63-6	$C_{20}H_{24}O_2$	雌激素类
乙烯雌酚	Diethylstilbestrol	56-53-1	$C_{18}H_{20}O_2$	雌激素类
佳乐麝香	Galaxolide	1222-05-5	$C_{18}H_{26}O$	合成麝香
吐纳麝香	Tonalide	211145-77-7	$C_{18}H_{26}O$	合成麝香
双氯芬酸	Diclofenac	15307-86-5	$C_{14}H_{13}O_2N$	抗炎镇痛药
吉非罗齐	Gemfibrozil	25812-30-0	$C_{15}H_{22}O_3$	降血脂药

(2)消炎止痛药:主要分为三类,第一类是中枢性镇痛药,这类药物大部分都是人工合成的中枢性止痛药,属二类精神药物,为非麻醉性止痛药,其主要是应用于中等程度的各种畸形疼痛及术后疼痛等,如咖啡因就属于此类药品;第二类为非甾体消炎止痛药,这种药物使用比较广泛,但是此类药物的止痛作用相对较弱,一般没有成瘾性,如萘普生、卡马西平等就属于此类药品;第三类是麻醉性镇痛药,以杜冷丁和吗啡为代表性药物,这类药物的镇痛作用比较强,但是长期使用有上瘾风险,其主要用于癌症晚期的病人,这种药物在市场上受到严格管控。由于消炎镇痛药在人类生活中使用量较大,其排放入环境中的数量也较大,已经引起了包括医学界及环境学界在内众多科学工作者的高度关注。

(3)雌激素:属于类固醇化合物,具有广泛的生物活性,能促进雌性动物生殖器官发育和第二性特征的出现,对生物体自身的内分泌系统、肌体代谢、骨骼生长和成熟等具有显著影响。目前,许多雌激素为人工合成的,这些雌激素大部分为脂溶性化合物,不容易被生物降解。目前环境中主要报道的雌激素主要有雌酮、乙炔雌二醇、雌二醇、雌三醇及乙烯雌酚等几种。

(4)杀菌消毒剂:大部分使用于个人护理品中,在人们日常生产和生活中使用非常广泛,如医院用于对手术人员及器械的消毒、人们日常生活中洗手及沐浴使用的护理品都包含杀菌消毒剂。三氯生作为个人护理品中常用的杀菌消毒剂,其广泛地用于洗手液、香皂、牙膏、洗面奶、空气清新剂和医疗器械消毒剂中。据有关报道,存在于环境中的三氯生有可能在一定条件下转化为二噁英类物质,因此三氯生在环境中的迁移转化已经成为环境学界研究的热点。

1.3.2 环境中 PPCPs 污染现状

目前有关 PPCPs 的研究报道已经非常多,在地表水、地下水、饮用水中都已经有较多报道。在欧美许多国家的地表水中,都检出了 PPCPs 的存在。如在美国伊利湖中检出了咖啡因及卡马西平等药物;在英国塔夫河和伊利河中,检出了对乙酰氨基酚、地尔硫卓、卡马西平、甲氧苄啶、红霉素等药物;在法国塞纳河表层水中检出了磺胺甲恶唑、甲氧苄啶和氧氟沙星等药物;在意大利波河流域地表水中检出了卡马西平和环丙沙星等 11 种药物和抗生素。在亚洲许多国家和地区也有许多关于 PPCPs 的报道,如在越南湄公河表层水中检出了磺胺甲恶唑、磺胺二甲基嘧啶、甲氧苄啶及红霉素等药物;在韩国一些河流表层水中检出了对乙酰氨基酚、卡马西平、西咪替丁、地尔硫卓、磺胺甲恶唑、磺胺氯哒嗪、磺胺甲氧嘧啶、磺胺二甲嘧啶、磺胺嘧啶、甲氧苄啶等药物,并对这几种药物的毒性效应进行了研究;Lin 等对我国台湾地区地表水中包括激素类化合物在内的 97 种 PPCPs 进行了检测,发现磺胺甲恶唑、咖啡因、对乙酰氨基酚、布洛芬、头孢氨苄、氧氟沙星和双氯芬酸的检出率较高。近些年来,我国对 PPCPs 化合物的文献报道越来越多,Wu 等在长江中下游表层水中检出对乙酰氨基酚、咖啡因、卡马西平、布洛芬、地尔硫卓、吉非罗齐、甲氧苄啶、林可霉素等 22 种药物;Xu 等在太湖表层水、沉积物及孔隙水中检出磺胺类、喹诺酮类、大环内酯类、四环素类等 16 种抗生素,并对其分布状况进行了报道;Liang 等在我国珠江流域表层水及沉积物中检出磺胺嘧啶、磺胺二甲嘧啶、磺胺甲恶唑、诺氟沙星、红霉素、四环素、罗红霉素等药物,并对干湿季节 PPCPs 的分布状况进行了研究。

污水处理厂出水是环境中PPCPs的重要来源,已有研究表明,污水处理厂对PPCPs的处理效果有限,不能完全去除污水中的PPCPs物质,没有被去除的PPCPs会随污水处理厂出水进入水环境中。根据已有研究报道,在欧美、亚洲和非洲一些国家和地区的城市污水处理厂(Waste water treatment plant,WWTP)均检出PPCPs化合物的存在。在德国和瑞典的WWTP中均有PPCPs的检出,在德国WWTP中,萘普生和布洛芬的浓度较高,分别达到3.2 μg/L和1.9 μg/L,而在瑞典WWTP出水中,甲氧苄啶的检出浓度最高,为1.34 μg/L。Stamatis等在希腊西部污水处理厂中对8种药物、2种代谢物和咖啡因进行了为期14个月的调查,发现在WWTP进水中,三氯卡班和咖啡因的浓度分别为65.3 ng/L和6 679 ng/L,在WWTP出水中,三氯卡班和卡马西平的浓度分别为24.9 ng/L和552 ng/L。Miao等在加拿大8个WWTP出水中检出氧氟沙星、环丙沙星、四环素及脱水红霉素,其浓度水平在19~363 ng/L。Lin等对我国太湖周边的WWTP中14种PPCPs进行研究发现,在WWTP进水中,对乙酰氨基酚、安替比林、卡马西平、避蚊胺等11种PPCPs检出率为100%,且其平均浓度为0.5~30.0 ng/L。赵高峰等在对北京某WWTP中10种PPCPs进行研究发现,在WWTP进水样品中,研究的10种PPCPs化合物平均浓度为52.30~4 490.5 ng/L,在出水口中,10种PPCPs的检出率为100%。其中三氯卡班检出浓度最高,达到256.27 ng/L。

目前,世界许多地区饮用水和地下水都经受了PPCPs的污染,如经过WWTP处理工艺没有被降解和去除的PPCPs可能会通过下渗作用进入地下水中;存在于WWTP污泥中的PPCPs通过污泥还田等活动被带入土壤环境,通过雨水冲刷及下渗作用进入地下水环境;另外,垃圾填埋场的渗漏也可能造成地下水遭受PPCPs的污染。饮用水水源地水体中的PPCPs可通过取水口进入自来水厂,目前,自来水厂的处理工艺还不能完全将PPCPs去除,没有被去除的PPCPs物质通过城市供水系统进入生活饮用水中。美国地质调查局在2000~2001年分别调查了美国74个饮用水水源地和47个地下水中PPCPs的赋存状况,调查结果显示,在所采集的样品中,避蚊胺、三氯生、咖啡因和磺胺甲基异唑等PPCPs化合物检出率较高,其中避蚊胺的检出浓度最高,为13.15 μg/L;美国地质调查局还对美国自来水厂进行了PPCPs调查,发现在自来水厂出水中检出了11种PPCPs类化合物。另外,Ye等在美国南加州4个自来水厂和北卡罗来那州的3个自来水厂的进水和出水样品中均检出PPCPs。Morasch对瑞士饮用水水源地水中进行了包括PPCPs物质在内的新兴污染物研究,发现在瑞士饮用水水源地中已经有多种PPCPs被检出。张盼伟等在我国太湖水源地沉积物中检出了对乙酰氨基酚、林可霉素、咖啡因、卡马西平等9种PPCPs,其平均浓度为1.36~22.0 ng/g。Lópezserna等在西班牙巴塞罗那地下水中对72种PPCPs进行了调查,发现抗生素是巴塞罗那地下水中优势污染物,其最大浓度达到1 000 ng/L。Peng等[49]在中国广州垃圾填埋场附近地下水中PPCPs进行了研究,发现红霉素、磺胺甲恶唑、氟康唑、水杨酸、三氯生和双酚A的检出率较高,虽然地下水中PPCPs大部分都为ng/L级,但是在周边水库中,PPCPs等化合物被广泛检出,其中,磺胺甲恶唑、丙环唑和布洛芬的最大浓度超过了1 μg/L。

1.3.3　环境中 PPCPs 来源

PPCPs 进入环境中的方式主要有以下几种:药物直接或者间接排放到环境中、污水处理厂出水排放入河流、污泥回用和垃圾填埋、畜禽及水产养殖及一些个人护理品会通过其他方式进入环境中,如图 1.1 所示。

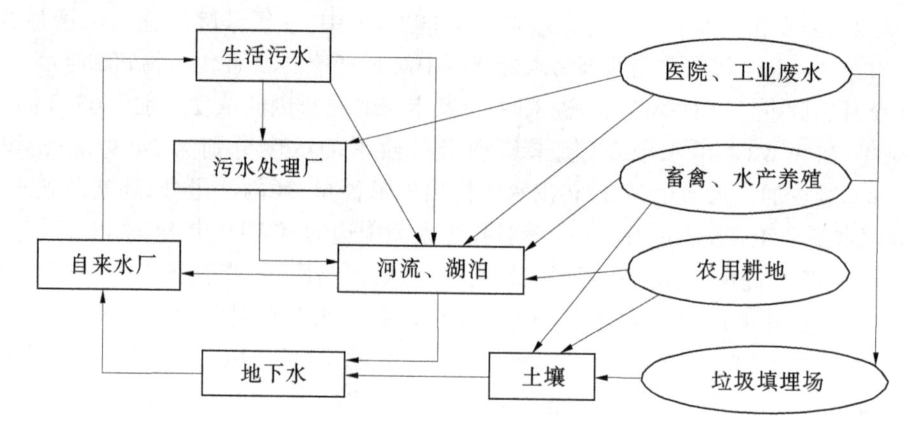

图 1.1　PPCPs 在环境中的循环过程

随着我国对环境保护的重视和治理力度的加强,城市地区大部分工业、含有大量医药成分的医院废水及居民生活污水都会进入污水处理厂进行处理后再排放入水环境中,由于目前污水处理工艺主要是针对一些无机及重金属指标进行设计的,针对工业废水及生活污水中的有机污染物指标的去除效果还不是很理想,因此污水处理厂出水中还存在着较高浓度的有机污染物,特别是 PPCPs 类化合物。由于 PPCPs 大部分具有较强的水溶性,一部分 PPCPs 还会通过吸附作用吸附于污水处理厂污泥中,因此,污水处理厂出水和污泥中 PPCPs 的含量也比较高。目前,我国许多农村地区并没有污水处理厂对生活污水进行处理,居民使用的 PPCPs 类物质直接排入河流中,也增加了河流及湖泊中 PPCPs 的含量。

抗生素在畜禽养殖和水产养殖业中使用量也较大,一是作为治疗畜禽和水生生物疾病用药,二是用作动物及水生生物的饲料添加剂。因此,畜禽养殖和水产养殖等行业也是水环境中药物和抗生素的一个重要来源。已有研究报道,畜禽养殖业使用的抗生素有50%以上是以母体药物的形式通过动物粪便排出体外的,而一部分抗生素会以粪便回田的形式进入农田土壤中,进而污染农田土壤,还有可能通过下渗作用进入地下水中,另一部分则进入地表水环境中。

垃圾填埋场也是环境中 PPCPs 的一个来源,已经有研究报道了在垃圾填埋场渗滤液中检出 PPCPs 成分,Holm 等 1995 年在丹麦的一个垃圾填埋场附近采集的渗滤液样品中就检出了高浓度的药物残留。在许多城市的固体废物中存在着大量 PPCPs 类化合物,这些固体废物垃圾一般通过填埋的形式进行处理,因此垃圾中含有的 PPCPs 有可能通过固体垃圾产生的渗滤液进入土壤环境中,进而有可能渗入地下水环境中。

近年来,已经有许多文献报道了 PPCPs 类物质通过不同方式进入水环境,对环境中生物群落,甚至人体产生潜在健康风险。因此,掌握水环境中 PPCPs 类物质的来源,从源头上控制 PPCPs 类化合物向水环境中排放,进而降低 PPCPs 类化合物对水环境和生态环境造成潜在风险,具有十分重要的意义。

1.3.4 PPCPs 在环境中迁移转化

PPCPs 进入环境或者污水处理厂后,可能会在不同的环境介质中有不同的归趋,最主要有以下几个方面,如被微生物分解、被氧化剂氧化、被吸附剂或污泥吸附、通过挥发作用进入大气及随污水处理厂出水等进入环境中。PPCPs 类物质在环境中的归趋,与其理化性质密切相关,几类典型 PPCPs 的理化性质见表 1.2。

表 1.2 典型 PPCPs 的理化性质

项目	磺胺类抗生素	四环素类抗生素	大环内酯类抗生素	喹诺酮类抗生素	个人护理品
分子量/($g \cdot mol^{-1}$)	17~300	400~550	680~950	200~450	250~300
溶解度/($mg \cdot L^{-1}$)	7~1 500	230~52 000	0.45~15	3~17 790	4~5
辛醇-水分配系数(LgK_{ow})	-0.01~1.7	-1.3~0.05	1.6~3.5	-1.0~2.0	4.0~6.0
氢离子解离常数(pKa)	2~3/4.5~10.6	3.3/7.7/9.3	7.7~8.9	8.6	7.9
亨利系数	1.3×10^{-23}~1.8×10^{-8}	1.7×10^{-23}~4.8×10^{-22}	7.8×10^{-36}~2.0×10^{-26}	5.2×10^{-17}~3.2×10^{-8}	5.2×10^{-17}~3.2×10^{-8}
代表药物	磺胺甲恶唑、磺胺嘧啶、磺胺二甲嘧啶、甲氧苄啶	四环素、土霉素、金霉素、强力霉素	红霉素、泰乐菌素、阿奇霉素、罗红霉素	氧氟沙星、环丙沙星、恩诺沙星、诺氟沙星	三氯生、三氯卡班、佳乐麝香、吐纳麝香

PPCPs 类化合物的理化性质及分子结构存在很大差异,有些 PPCPs 呈现出较好的水溶解性或者在一定 pH 值条件下发生解离。PPCPs 类物质在环境中的迁移转化行为有以下几种形式:吸附、非生物降解(水解、光解、挥发)、生物降解和生物富集等。

1.3.4.1 吸附

吸附作用是环境中 PPCPs 类物质重要的迁移转化途径。吸附包括物理吸附和化学吸附。物理吸附又称范德华吸附,其吸附过程不产生化学反应,也不发生电子转移、原子重排、化学键的破坏与生成。分子之间引力作用比较弱,使得吸附质分子的结构变化很小。在吸附过程中不会改变原来物质的性质,因此吸附能小,被吸附的物质也很容易再次脱离。PPCPs 化合物可以通过范德华力、氢键等分子间的作用力与水体和沉积物及土壤中的有机质或颗粒表面吸附位点相吸附,进而从水中转移入沉积物或土壤中。化学吸附主要是吸附质与吸附剂以分子间化学键为主的吸附,化学吸附过程可以发生化学反应,在吸附过程中不但有引力作用,还拥有化学键的力,因此吸附能比较大。PPCPs化合物的分子官能团(羧酸、胺类、醛等)可能与沉积物或土壤中的化学物质发生反应形成螯合物或络合物而存在于环境中。吸附作用可以反映PPCPs与沉积物和土壤的相互作用规律,并可以预测PPCPs对环境的潜在影响,可以为预测其对环境产生的潜在风险提供依据。

PPCPs种类繁多且理化性质各异,河流及湖泊沉积物、黏土和污水处理厂中的活性污泥等对PPCPs的吸附作用也各不相同。PPCPs物质在沉积物及活性污泥中的吸附作用除了与其自身理化性质有关,还会受到沉积物及活性污泥的结构、温度、离子强度、pH等因素的影响。如四环素类抗生素与沉积物和活性污泥有很强的吸附作用,喹诺酮类和大环内酯类抗生素对表层土壤矿物也有一定的吸附能力,个人护理品三氯生也比较容易被活性污泥所吸附,但是磺胺类抗生素对沉积物及活性污泥的吸附能力相对较弱。

1.3.4.2 非生物降解

非生物降解的主要途径包括水解、光解及挥发等。

水解反应为PPCPs物质在环境中非常重要的转化途径。水解反应可以分为酸催化降解、中性条件下水解和碱催化降解,在其反应过程中可能会有一个或多个中间产物产生,进而破坏母体化合物的结构。河流及湖泊等水环境中PPCPs物质的水解过程受水体条件和PPCPs自身理化性质等因素的影响及制约。水体pH和温度是PPCPs物质水解最主要的环境条件。根据已有的研究报道,温度越高,PPCPs水解速率就越快,不过,水解作用也是多种因素综合作用的结果。

光解是指环境中有机物在光的作用下,逐步氧化成低分子中间产物并最终生成CO_2、H_2O或者其他的离子,如NO_3^-、Cl^-等。光降解过程一般可以分为直接光解、氧化反应及敏化光解。在天然水体中,污染物自身可以吸收太阳光,有些污染物是由于藻类、腐殖质和悬浮颗粒物等催化作用而发生光解。

1.3.4.3 生物降解

生物降解是环境中PPCPs物质降解的一个重要途径,大部分PPCPs物质可以通过微生物降解作用去除,不过有一些PPCPs物质可以降解产生许多活性成分,也有部分PPCPs物质比较难以降解。生物降解速率受到PPCPs物质自身理化性质、环境温度及pH等条件的影响。

微生物对PPCPs的降解和转化主要通过两种作用:

(1)共同代谢作用,即微生物不把PPCPs作为碳源,对其进行分解或部分转化;

(2)混合基质增长作用,即微生物把PPCPs作为碳源和能源,可以将其完全矿物化。

1.3.4.4 生物富集

生物富集也叫生物浓缩,指生物体通过对环境中某些或某类元素、难以降解或分解物质的积累,使这些物质在生物体内浓度超过或大于环境中浓度的现象。

生物体吸收环境中元素或污染物的情况主要有三种:一种是藻类植物、原生生物、微生物等,其主要依靠体表直接吸收;另一种是高等级植物,它们主要依靠根系吸收;再一种是多数动物,它们主要依靠吞食进行吸收。从以上三种吸收情况来看,前两种属于直接摄取,后一种则是通过食物链摄取。不同PPCPs在不同生物体内的富集系数不同,同一生物体内不同器官中PPCPs的富集系数也各异。因此,对生物体生物富集作用进行研究,可以阐明环境污染物在生态系统内的迁移和转化规律,评价及预测污染物进入生物体后可能造成的危害,或利用生物体对环境进行监测和净化等,具有非常重要的作用及意义。

1.4 PPCPs生态毒性

根据已有研究报道,许多PPCPs物质具有在生物体内富集的特性,并且在无脊椎动物及鱼类体内广泛检出,部分PPCPs物质具有内分泌干扰效应,在有些地区污水处理厂及部分工厂污水排污口附近河流水体中出现了青蛙畸形及鱼类性别错乱等现象,环境激素类物质可能是导致出现这种现象的主要原因。水环境中长期低剂量PPCPs暴露对鱼类和其他水生生物的潜在毒性效应已经引起人们的广泛关注。含有大量抗生素、抗生素抗性基因和耐抗生素细菌的污废水可以促进生物体对抗生素的耐药性。类固醇类雌激素对生物体内分泌系统影响很大,已有研究证实,类固醇类雌激素可引起雄鱼的卵黄蛋白原增加,并出现雌性化现象。还有研究表明,长期暴露于低剂量(1 ng/L)人工合成乙炔雌二醇水体中的鱼类内分泌系统也会受到雌激素的干扰,并最终可能导致鱼类的雌性化现象。

人们日常使用的许多个人护理品中的有机成分是环境激素,与滴滴涕、氯丹等有机氯农药等内分泌干扰物在许多国家已经被禁止使用不同,人们对含有环境激素的日用化学品接触更多,这些化学品包括洗涤剂、香料、塑料制品及表面活性剂等。这些有毒有害化学物质在环境中很难被生物降解,容易通过食物链在生态系统中富集。人工合成麝香类物质是个人护理品中重要的有机成分,已有研究表明,许多多环麝香对生物体的内分泌具有干扰效应。Carlsson等利用斑马鱼进行毒理学实验,其先将雌性斑马鱼与经过驯化且未经暴露麝香类物质的雄鱼交配产卵作为对照,然后对雄性斑马鱼进行为期56 d的麝香酮类物质暴露,并设定两个浓度梯度(高浓度为10 mg/g,低浓度为0.1 mg/g)用来检测麝香酮在斑马鱼体内生物富集能力及对鱼类生殖能力的影响。研究结果表明,斑马鱼的生殖能力与麝香酮的保留浓度存在剂量—效应关系,随着麝香酮浓度的增加,鱼类产卵能力逐渐降低;其对斑马鱼胚胎的暴露实验结果表明,麝香酮类物质可以造成鱼类胚胎死亡率增加,平均存活时间降低。Gagné等研究了布洛芬、萘普生、土霉素、磺胺甲基异恶唑、咖啡因等化合物对虹鳟鱼的细胞毒性,研究结果显示,这几种化合物能够干扰CYP3A(细胞色素酶P450的亚酶)的活性,影响虹鳟鱼的肝细胞代谢过程,进而对虹鳟鱼的肝脏产生损伤。Gagné等还发现,抗菌剂三氯生可对海洋生物紫贻贝血细胞的正常功能以及消化腺等多种酶的活性产生影响。Hong等应用大肠杆菌作为grpE、recA、katG、fabA四种基因的模式生物来分别代表蛋白、DNA、氧化应激和膜损伤等指示物以研究咖啡因、布洛芬、阿司匹林和四环素对这些指标的影响。结果显示,这4种PPCPs化合物对大肠杆菌表现出不同的效应,大肠杆菌的不同反应和这4种PPCPs的暴露时间及暴露浓度有关,其中,grpE基因对阿司匹林和四环素比较敏感,recA基因对咖啡因和阿司匹林比较敏感,katG只对布洛芬比较敏感,fabA对四环素比较敏感。Francesco等研究了红霉素、四环素、布洛芬等对紫背浮萍和部分细菌的影响,研究结果显示,红霉素在浓度为1 mg/L时对紫背浮萍生长的抑制率为20%,对细菌的抑制率为70%;布洛芬在不同浓度水平下对细菌生长都具有明显的促进作用(10 μg/L时增长率为25%),但是其对紫背浮萍的抑制作用存在明显的剂量—效应关系。

1.5 PPCPs 生态风险评价

1.5.1 生态风险评价方法

生态风险评价是指生态系统受到一个或多个胁迫因子影响后,对不利的生态后果出现可能性进行评估的过程,用来评价受自然灾害、人类活动或化学污染物排放等产生非预期影响的可能性及强度,并对暴露途径及影响程度进行定性-定量研究的一套方法。美国环保署在 20 世纪 90 年总结了多种生态风险评价的方法,其推荐的生态风险评价主要由 4 部分构成,即危害判定、剂量—效应关系评价、暴露评价和风险表征。

(1)危害判定:是一种对潜在风险的定性评估,目前主要是对有毒有害的某种或某类污染物进行毒性的确认。有毒有害化学物质是否会对人体或生态系统产生危害,常根据其理化性质或接触途径等方式进行评估,有时也采用短期的体外暴露实验来获取与其结构相似的有毒有害物质的毒性资料。有毒有害化学物质目前的毒性数据主要从以下方式获取,结构活性关系、动物实验数据、短期体外实验、流行病学统计研究等。

(2)剂量—效应关系评价:剂量-效应评价是有毒有害化学物质在环境中的暴露水平与生态系统群落、种群等出现不良反应发生率间关系的定量估算过程。其主要研究剂量与毒性效应间的定量关系,是生态风险评价定量分析的基础与依据。在目前进行的生态风险评价工作中,由于生态系统的复杂性,相应的研究成果较少,不过目前剂量—效应关系的评价有以下两种方法:

①阈值法:这种方法假设大部分生物的非致癌性反应是有剂量阈值,在低于阈值的剂量下,不会出现生物反应,这种方法主要应用于非致癌性的剂量—效应关素关系评价工作中;

②非阈值法:这种方法假设生物的致癌性反应无剂量阈值,剂量不论多少,只要有微量的这种物质存在,就会发生生物反应,其反应程度可能与剂量呈正相关关系,这种方法主要是应用于致癌性的剂量-效应关系评价工作中。

(3)暴露评价:其主要是研究生物体暴露于一定的有毒有害化学物质条件下,对生物体在此种暴露剂量、暴露频率、暴露途径、暴露时间等方面进行测量、估算或预测的过程,是风险评价定量分析的依据。暴露评价还需对接触的生物体数量、分布、活动情况及接触方式等因素进行描述,还需对以前、现在和以后可能出现的暴露情况,在不同时期采用不同方法进行评价。

(4)风险表征:风险评价的最后一环,其必须将收集的资料和分析的结果综合在一起,以确定产生不利结果的概率大小、可接受风险水平及评价结果的相对不确定性。在风险评价体系中,风险表征可分为两类,一类是非致癌效应,一般以风险指数或危害指数表征;另一类是致癌效应,一般是以致癌风险表征。

环境健康风险评价经过近几十年的快速发展,风险表征方法有了非常大的进展,目前,常用的环境风险表征方法主要有商值法、概率生态风险评价法和多层次风险评价法。

①商值(risk quotients, RQ)法:将实际检测到的样品浓度或由模型估算出的环境浓度除以该物质危险程度的毒性数据,得出暴露风险商值的方法。当其商值大于1时,表明此化合物对生态环境有风险,比值越大,表明风险越大;比值在0.1到1,说明这种化合物对生态环境具有中等风险;比值小于0.1,说明这种化合物对生态环境没有风险,比值越小,说明这种化合物的危害程度越小。不过,这种风险评价方法比较简单,比较适合单一物质毒性风险的评价。

②概率生态风险评价(probability ecological risk assessment)法:将每一种化合物的暴露浓度及毒理学数据作为独立的观测指标,并在此基础上做出概率统计。暴露评价及风险评价是概率生态风险评价工作中的两项重要内容。暴露评价一般是通过概率计算来预测某种物质的环境暴露浓度;风险评价常常是通过暴露在同一种污染物中的物种,用物种敏感度的分布估计某种物种受影响时的污染浓度。

③多层次风险评价(multi-level risk assessment)法:把商值法和概率生态风险评价法相结合,充分利用这两种方法从简单到复杂的风险评价方法。其过程是从一个假设开始,逐步地过渡到接近实际情况的估计。初始筛选评价可以迅速为接下来的工作排出先后顺序,其得到的评价结果常常会比环境中的实际浓度高;如果筛选评价的结果显示有高风险,则需要进入更高一级的评价;这个阶段的评价对资料和数据的要求更高、更多,需使用更为复杂的评价方法及手段,以期得到更接近于现实的环境条件,进而确定预测的高风险是否仍然存在。

1.5.2 PPCPs生态风险评价

我国有关PPCPs的环境风险研究起步较晚,目前还处在起步阶段,急需建立适合我国目前发展状况的风险评价模型以指导我国PPCPs风险评价工作。目前,我国有关PPCPs风险评价大多采用“雌二醇当量”“风险商值”等方法。如Wang等应用风险商值法对我国辽河、海河、黄河表层水中PPCPs进行风险评价。Zhao等应用风险商值法对我国珠江流域河流表层水中PPCPs进行了风险评价。这些评价研究工作表明,在我国部分区域水环境中,部分PPCPs已经存在了较高的生态风险,如布洛芬、三氯生和双氯芬酸等。

目前,有关PPCPs的研究还缺少人体健康及生态安全的指导性评价基准,研究者根据自己的需求采用不同评价基准,必将导致PPCPs风险评价结果的不确定性。生态风险评价所获得结果比较依赖预测无效应浓度(PNEC)(predicted no effect concentration)结果的获取方式、进行毒理学实验所选取的物种、是否包括本土物种及敏感物种等因素。因此,在进行PPCPs有关毒理学实验时,应综合运用多种模型,如应用种间相关估算、定量结构活性等毒理外推法获取更多具有代表性物种的毒理学数据,建立相对稳定的物种敏感性分布模型,以获取相对准确的PNEC数据。在进行环境中PPCPs分析检测的同时,应运用或优化发展可靠、稳定的模型对环境中PPCPs的暴露预测及评价。同时,还应加强有关PPCPs对人体暴露及生物累积性的研究,建立基于人体健康及生态安全的PPCPs风险评价基准。

风险评价的方式大多采用单个PPCPs物质进行评价,然而PPCPs的种类繁多,在实际环境样品中,PPCPs一般都是共存的,环境中的生物大多暴露于多种PPCPs的复杂体系中,许多PPCPs在环境中的浓度较低,其单独作用造成的危害效应很小,多种低浓度PPCPs混合体系的联合作用有可能对环境产生潜在风险。目前,有关PPCPs的研究大多集中于PPCPs母体分析,对其降解和代谢产物研究相对较少,PPCPs的降解产物有可能比母体具有更高的毒性,或与母体化合物共同作用可产生更大的毒性效应而造成更大的生态环境风险。PPCPs化合物的环境风险多是其在环境中长期低剂量暴露的结果,在长期暴露期间,暴露物质和暴露浓度都存在很大的不确定性,因此需要进行长期连续的监测,并应用非稳态模型对其开展暴露模拟,还需对其进行风险的不确定性分析。

1.5.3 我国PPCPs风险评价存在的问题

环境样品分析是进行新兴有毒有害化学物质暴露风险研究的重要和直接手段,与传统污染物相比,新兴污染物浓度较低,进行准确定量的难度较大,由于大部分新兴污染物没有成熟的分析检测方法做指导,所以严重制约了新兴污染物的生态风险研究。

PPCPs为近些年人们开始关注的新兴污染物,目前在世界范围内报道的PPCPs化合物已有上百种,PPCPs种类繁多,结构复杂并且差异较大。我国对PPCPs的研究已经有10多年的积累,不过研究的PPCPs种类较少,这和PPCPs使用的种类及数量差距较大,多种PPCPs同时分析依然是我国在此项研究中的难点。目前我国还没有相应的PPCPs标准检测方法做指导,只有部分研究机构在此领域开展了一些研究工作,数据系统性较差。

我国在PPCPs领域的研究现状还难以满足对环境中此类化合物污染状况、暴露情况进行有效系统的分析,我国还需加强PPCPs在环境中赋存状况方面的研究,在样品分析技术和前处理技术等方面加强研究,以去除样品中的基质干扰,实现更多种类PPCPs同时检测,提高PPCPs检测效率。目前,我国有关PPCPs的研究还大多集中在污水处理厂各处理单元的吸附、降解及转化规律的研究,对污水处理厂出水、污泥进入环境后的迁移、转化等研究相对较少,然而自然环境暴露与PPCPs存在的潜在环境风险更直接相关,因此需关注生态环境中PPCPs承载力、迁移转化和暴露等。我国各研究机构应加强PPCPs方面的合作研究,建立和健全PPCPs检测及评估网络,解决目前相互独立、分散的研究造成数据系统性不足和可比性差的问题,从而为区域PPCPs环境生态风险评价提供支持。

1.6 研究区域概况

海河流域地处华北地区北部,东临渤海,西倚太行,南界黄河,北接蒙古高原,流域总面积约32万km^2,占全国总面积的3.3%。海河流域包括北京、天津、河北、山西、山东、河南、内蒙古和辽宁等8个省(区、市)。其中,北京、天津全部属于海河流域,河北省面积的91%、山西省面积的38%、山东省面积的20%、河南省面积的9.2%、内蒙古自治区面积的1.15%和辽宁省面积的1.15%属于海河流域。海河流域河流及湖库众多,可划分为9个流域,分别为滦河、永定河、北三河、北四河、大清河、子牙河、漳卫南运河、黑龙港运东水系、徒骇马颊河等。

本书主要涉及的相关典型水体如下：

(1)白洋淀：位于河北省中部，是我国华北地区最大的浅水湖泊，是在太行山前的永定河和滹沱河冲积扇交汇处的扇缘洼地上汇水形成的，从北、西、南三面接纳瀑河、唐河、漕河、潴龙河等河流。白洋淀是由超过140个大大小小的浅水湖泊组成的连片水域，其水域面积达到366 km^2。白洋淀在补充本区域地下水、调蓄洪水，保持生物多样性等方面具有非常重要的作用。

(2)官厅水库：位于河北省张家口市怀来县和北京市延庆区境内，是新中国成立后建设的第一座大型水库，其主要接纳水源为永定河上游来水；官厅水库曾经是北京市主要的供水水源地之一。在20世纪80年代后期，官厅水库库区受到了严重污染，并于1997年被迫退出城市生活饮用水体系。近些年来，由于我国环境保护力度的加大，官厅水库的水质状况趋于好转，现已成为北京市重要的备用水源地。

(3)北京城区水体：对美化城区环境、调节城市小气候具有重要的作用。流经北京城区的河流主要有永定河、永定引水渠、昆玉河、凉水河、清河、温榆河、通惠河、护城河、坝河、亮马河等。

(4)海河流域水源地：共有33个，其中北京市共有4个，分别为密云水库、怀柔水库、拒马河水库、白河堡水库；天津市有2个，分别为于桥水库、尔王庄水库；河北省有13个，分别为潘家口水库、大黑汀水库、岳城水库、岗南水库、黄壁庄水库、陡河水库、桃林口水库、洋河水库、石河水库、西大洋水库、王快水库、大浪淀水库、杨埕水库；山东省有12个，分别为清源湖水库、相家河水库、庆云水库、丁东水库、杨安镇水库、思源湖水库、三角洼水库、孙武湖水库、仙鹤湖水库、幸福水库、西海水库、滨州市东郊水库；河南省有2个，分别为弓上水库、盘石头水库。

(5)典型区域地下水：选择海河流域张家口市与秦皇岛市两个典型城市，张家口市位于海河流域西北部，海拔较沿海地区高，地下水埋藏较深。秦皇岛市地处沿海，海拔较低，地下水埋藏较浅。选择这两个区域地下水进行研究，具有较好的代表性。

第2章 PPCPs检测方法及风险评价方法的建立

实验方法的建立是开展分析工作的基础和前提。良好的实验分析方法能够为获得有效的分析数据提供技术支持和保证。本研究选取我国水环境中常见的PPCPs(包括人用和兽用抗生素、抗癫痫药、抗抑郁剂、抗菌剂、雌激素等)作为研究对象,依托UPLC-MS/MS分析检测技术,建立了PPCPs的仪器分析方法;依托固相萃取及超声萃取等样品前处理技术,建立了从水及沉积物样品中提取PPCPs的前处理方法。

2.1 试剂与材料

2.1.1 药品与试剂

(1)甲醇:HPLC级,购自J. T. Baker公司(美国)。

(2)乙腈:HPLC级,购自J. T. Baker公司(美国)。

(3)高纯水:由Milli-Q设备制得(Millipore公司,美国)。

(4)甲酸:HPLC级,购自DIKMA公司(美国)。

(5)醋酸铵:HPLC级,购自Sigma-Aldrich Fluka公司(美国)。

(6)醋酸:分析纯,购自国药集团化学有限公司(中国)。

(7)柠檬酸钠:色谱纯,购自百灵威科技有限公司(中国)。

(8)硅藻土:色谱纯,购自Varian公司(美国)。

(9)盐酸:分析纯,购自国药集团化学有限公司(中国)。

(10)乙二胺四乙酸二钠:分析纯,购自国药集团化学有限公司(中国)。

PPCPs标准物质:本研究选取的PPCPs化合物均购自Dr. Ehrenstorfer(德国),其基本信息见表2.1。

PPCPs内标物:本方法有3种内标物,分别为磺胺二甲嘧啶($^{13}C_6$-Sulfamethazine-Phenyl,$^{13}C_6$-SMT)、红霉素(Erythromycin-$^{13}C,d_3$, ERY-$^{13}C,d_3$)、萘普生(Naproxen-d_3, NAP-d_3),3种内标物均购自Dr. Ehrenstorfer(德国)。分别准确称取1.0 mg $^{13}C_6$-SMT、ERY-^{13}C、d_3、NAP-d_3于100 mL容量瓶中,用甲醇定容,3种内标物的浓度均为10 mg/L,使用时稀释成1 mg/L的内标物,现用现配。

表2.1 本研究目标化合物的基本信息

中文名称	英文名称	英文缩写	CAS号	分子式	药剂学类别
对乙酰氨基酚	Acetaminophen	ACE	103-90-2	$C_8H_9NO_2$	止痛剂、退热药
咖啡因	Caffeine	CAF	58-08-2	$C_8H_{10}N_4O_2$	中枢神经兴奋剂

续表 2.1

中文名称	英文名称	英文缩写	CAS 号	分子式	药剂学类别
地尔硫卓	Diltiazem	DTZ	42399-41-7	$C_{22}H_{26}N_2O_4S$	钙通道阻滞剂
卡马西平	Carbamazepine	CBZ	298-46-4	$C_{15}H_{12}N_2O$	抗抑郁剂、抗惊厥药
氟西汀	Fluoxetine	FXT	54910-83-3	$C_{17}H_{18}F_3NO$	抗抑郁剂
磺胺嘧啶	Sulfadiazine	SDZ	68-35-9	$C_{10}H_{10}N_4O_2S$	磺胺类抗生素
磺胺甲恶唑	Sulfamethoxazole	SMX	723-46-6	$C_{10}H_{11}N_3O_3S$	磺胺类抗生素
磺胺二甲嘧啶	Sulfamethazine	SMZ	57-68-1	$C_{12}H_{14}N_4O_2S$	磺胺类抗生素
甲氧苄啶	Trimethoprim	TMP	738-70-5	$C_{14}H_{18}N_4O_3$	抗菌剂
土霉素	Oxytetracycline	OTC	79-57-2	$C_{22}H_{24}N_2O_9$	四环素类抗生素
四环素	Tetracycline	TC	60-54-8	$C_{22}H_{24}N_2O_8$	四环素类抗生素
金霉素	Chlortetracycline	CTC	57-62-5	$C_{22}H_{23}ClN_2O_8$	四环素类抗生素
强力霉素	Doxycycline	DOX	564-25-0	$C_{22}H_{24}N_2O_8$	四环素类抗生素
阿奇霉素	Azithromycin	AZM	83905-01-5	$C_{38}H_{72}N_2O_{12}$	大环内酯类抗生素
红霉素	Erythromycin	ERY	114-07-8	$C_{37}H_{67}NO_{13}$	大环内酯类抗生素
泰乐菌素	Tylosin	TYL	1401-69-0	$C_{46}H_{77}NO_{17}$	大环内酯类抗生素
林可霉素	Lincomycin	LIN	154-21-2	$C_{18}H_{34}N_2O_6S$	大环内酯类抗生素
氧氟沙星	Ofloxacin	OFL	82419-36-1	$C_{18}H_{20}FN_3O_4$	喹诺酮类抗生素
萘普生	Naproxen	NAP	22204-53-1	$C_{14}H_{14}O_3$	消炎止痛药
布洛芬	Ibuprofen	IBU	15687-27-1	$C_{13}H_{18}O_2$	消炎止痛药
三氯生	Triclosan	TCS	3380-34-5	$C_{12}H_7Cl_3O_2$	抗菌剂
三氯卡班	Triclocarban	TCC	101-20-2	$C_{13}H_9Cl_3N_2O$	抗菌剂
吉非罗齐	Gemfibrozil	GEM	25812-30-0	$C_{15}H_{22}O_3$	降血脂药
雌酮	Estrone	E1	53-16-7	$C_{18}H_{22}O_2$	雌激素类
17α-雌二醇	17α-Estradiol	17α-E2	57-91-0	$C_{18}H_{24}O_2$	雌激素类
17β-雌二醇	17β-Estradiol	17β-E2	50-28-2	$C_{18}H_{24}O_2$	雌激素类
炔雌醇	Ethinylestradiol	EE2	57-63-6	$C_{20}H_{24}O_2$	雌激素类
雌三醇	Estriol	E3	50-27-1	$C_{18}H_{24}O_3$	雌激素类

2.1.2　实验材料

(1)固相萃取柱:Oasis HLB 固相萃取柱 200 mg,6 mL;Waters 公司(美国)。

(2)SAX 强阴离子交换柱:200 mg,3 mL;天津博纳艾杰尔科技有限公司(中国)。

(3)玻璃纤维滤膜:GF/F,直径 47 mm,孔径 0.7 μm,Whatman 公司(英国)。

(4)进样样品瓶:玻璃材质,2 mL,购自 Agilent 公司(美国)。
(5)微量注射器:Hamilton(50 μL、100 μL、500 μL),购自 Hamilton 公司(瑞士)。
(6)瓶口分液器:Dispensette,购自 Brand 公司(德国)。
(7)离心管:50 mL,购自 Thermo Fisher 公司(美国)。

2.2 仪器设备

2.2.1 前处理设备

(1)水样过滤装置:R300SS 型,Sciencetool 公司(美国)。
(2)微孔滤膜:玻璃纤维,0.7 μm, Waterman(英国)。
(3)固相萃取(SPE)装置:SupelcoTM 公司(美国)。
(4)隔膜真空泵:DAA-V515-ED 型,GAST(美国)。
(5)氮吹仪:N-EVAP-12 型,Organomation Associates(美国)。
(6)微型涡旋混匀器:QL-901 型,海门市其林贝尔仪器制造有限公司(中国)。
(7)超声波萃取仪:KQ-700TDV 型,昆山市超声仪器有限公司(中国)。
(8)高速离心机:CF16RX Ⅱ型,日立公司(日本)。
(9)冷冻干燥机:ALPHA 2-4,Christ(德国)。
(10)旋转浓缩仪:LABOROTA-efficient,Heidolph(德国)。
(11)摇床:HS 501 型,IKA 公司(德国)。
(12)电子天平:AB204-S,Mettler-Toledo 公司(瑞士)。

2.2.2 分析仪器

超高效液相色谱-串联四极杆质谱联用仪(UPLC-MS/MS):超高效液相色谱仪(Agilent 1290)购自 Agilent 公司(美国),配备 C18 反相液相色谱柱 Eclipse Plus C18 RRHD 2.1×100 mm,1.8 μm;三重四极杆串联质谱仪(Agilent 6460)购自 Agilent 公司(美国),配备电喷雾离子源(ESI,Electron Spray Ionization)。

2.3 仪器工作条件

由于本研究目标化合物种类较多,并且各个化合物之间的理化性质差异较大,其应用于分析时的离子源模式(正离子、负离子)不同,所以本研究把其分为 3 组进行研究。两种分析模式使用的色谱柱均为 Eclipse Plus C18 反相色谱柱购自 Agilent 公司(美国),液相色谱柱前装有保护柱。

2.3.1 第一组化合物液相色谱及质谱条件

(1)液相色谱条件。
为使本研究选取的目标化合物在色谱柱中更快更好地分离,在文献查阅和大量预实验的基础上,选取 Eclipse Plus C18(1.8 μm,2.1×100 mm)为本实验所用的液相色谱柱,选取含 0.1%甲酸水溶液(A)和乙腈水溶液(B)为流动相。设置液相泵流速为 0.3 mL/min,进样量为 10 μL,样品抽取速度为 200 μL/min,样品注射速度为 200 μL/min,柱温箱温度为 40 ℃,梯度洗脱程序见表 2.2。

表 2.2 第一组化合物的液相色谱条件

时间/min	流动相 A/%	流动相 B/%	流速/(mL/min)
0	85	15	0.3
1	85	15	0.3
10	10	90	0.3
12	85	15	0.3

第一组目标化合物多反应监测(multiple reaction monitoring, MRM)色谱如图 2.1 所示。

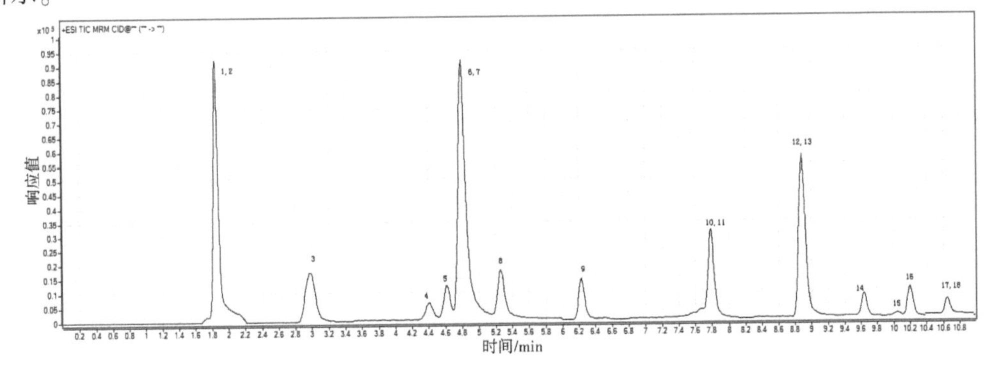

1—林可霉素;2—对乙酰氨基酚;3—咖啡因;4—甲氧苄啶;5—氧氟沙星;6—土霉素;7—四环素;8—磺胺二甲嘧啶;9—金霉素;10—磺胺甲恶唑;11—磺胺嘧啶;12—阿奇霉素;13—红霉素;14—地尔硫卓;15—强力霉素;16—泰乐菌素;17—卡马西平;18—氟西汀。

图 2.1 第一组 PPCPs 目标化合物 MRM 色谱

(2)质谱条件。

离子源模式:电喷雾离子源(ESI+),干燥气流速为 11 L/min,毛细管电压为 3 500 V,雾化器压力为 45 psi,离子源温度为 325 ℃,监测模式采用多反应监测模式,第一组目标化合物 MRM 参数见表 2.3。

表 2.3 第一组目标化合物 MRM 参数

化合物	母离子/(m/z)	子离子/(m/z)	碎裂电压/V	碰撞能量/eV
对乙酰氨基酚 ACE	152	110	90	15
		65	90	35
咖啡因 CAF	195	138	110	15
		110	110	25

续表 2.3

化合物	母离子/(m/z)	子离子/(m/z)	碎裂电压/V	碰撞能量/eV
地尔硫卓 DTZ	415	178	130	25
		150	130	25
卡马西平 CBZ	237	194	110	15
		179	110	35
氟西汀 FXT	310	148	110	5
磺胺嘧啶 SDZ	251.2	156	110	15
		92	110	25
磺胺甲恶唑 SMX	254	156	110	15
		92	110	25
磺胺二甲嘧啶 SMZ	279	186	90	25
		156	90	25
甲氧苄啶 TMP	291	261	110	25
		230	110	25
土霉素 OTC	461	444	130	13
		426	130	17
四环素 TC	445.2	427	110	5
		410	110	15
金霉素 CTC	479	462	110	15
		197	110	35
强力霉素 DOX	445.2	428	110	15
		154	110	35
阿奇霉素 AZM	749.5	591.2	130	30
		158	130	35
红霉素 ERY	734.5	576	90	15
		158	90	35
泰乐菌素 TYL	916.3	772	110	35
		174	110	35
林可霉素 LIN	407	359.1	110	15
		126	110	25
氧氟沙星 OFL	362.2	318	90	15
		261	90	25

2.3.2 第二组化合物液相色谱及质谱条件

(1)液相色谱条件。

为使本研究选取的目标化合物在色谱柱中更快更好地分离,在文献查阅和大量预实验的基础上,选取 Eclipse Plus C18(1.8 μm,2.1×100 mm i.d)为本实验所用的液相色谱柱,选取含0.1%醋酸+0.1%醋酸铵水溶液(A)和甲醇-乙腈(1:1,体积比)溶液(B)为流动相。进样量为10 μL,样品抽取速度为200 μL/min,样品注射速度为200 μL/min,柱温箱温度为40 ℃,第二组化合物液相色谱条件见表2.4。

表2.4 第二组化合物液相色谱条件

时间/min	流动相A(%)	流动相B(%)	流速/(mL/min)
0	60	40	0.3
1	60	40	0.3
8	0	100	0.3
10	60	40	0.3

第二组PPCPs目标化合物MRM色谱如图2.2所示。

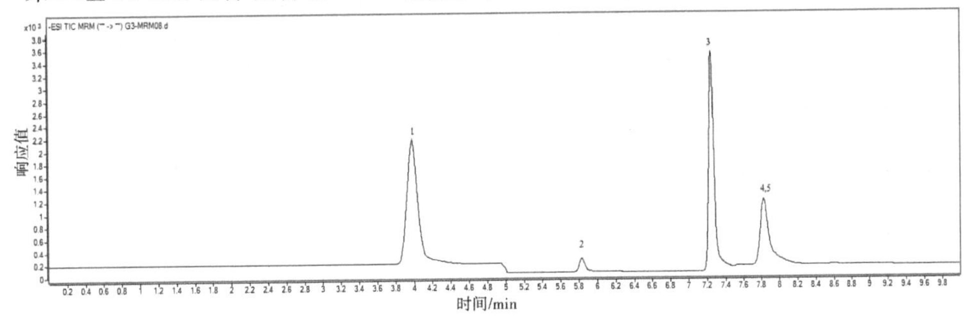

1—萘普生;2—布洛芬;3—吉非罗齐;4—三氯卡班;5—三氯生。

图2.2 第二组PPCPs目标化合物MRM色谱

(2)质谱条件。

离子源模式:电喷雾离子源(ESI-),干燥气流速为11 L/min,毛细管电压为3 500 V,雾化器压力为45 psi,离子源温度为325 ℃,监测模式采用多反应监测模式,第二组目标化合物的MRM参数见表2.5。

表2.5 第二组目标化合物的MRM参数

化合物	母离子(m/z)	子离子(m/z)	碎裂电压/V	碰撞能量/eV
萘普生 NAP	229	169	75	25
		170		5
布洛芬 IBU	205	161	75	5
吉非罗齐 GEM	249	121	100	5

续表 2.5

化合物	母离子/(m/z)	子离子/(m/z)	碎裂电压/V	碰撞能量/eV
三氯生 TCS	287	35	75	5
三氯卡班 TCC	313	160	85	5
		126.1		15

2.3.3 第三组化合物液相色谱及质谱条件

(1)液相色谱条件。

为使本研究选取的目标化合物在色谱柱中更快更好地分离,在文献查阅和大量预实验的基础上,选取 Eclipse Plus C18(1.8 μm,2.1×100 mm i.d)为本实验所用的液相色谱柱,选取含 0.1%甲酸水溶液(A)和乙腈溶液(B)为流动相。

流动相(A):高纯水溶液;流动相(B):乙腈溶液。进样量为 10 μL,样品抽取速度为 200 μL/min,样品注射速度为 200 μL/min,柱温箱温度为 40 ℃,第三组化合物的液相色谱条件见表 2.6。

表 2.6 第三组化合物的液相色谱条件

时间/min	流动相 A(%)	流动相 B(%)	流速/(mL/min)
0	75	25	0.3
0.5	75	25	0.3
1	60	40	0.3
7	55	45	0.3
7.5	10	90	0.3
8	10	90	0.3
8.1	75	25	0.3

第三组 PPCPs 目标化合物 MRM 色谱如图 2.3 所示。

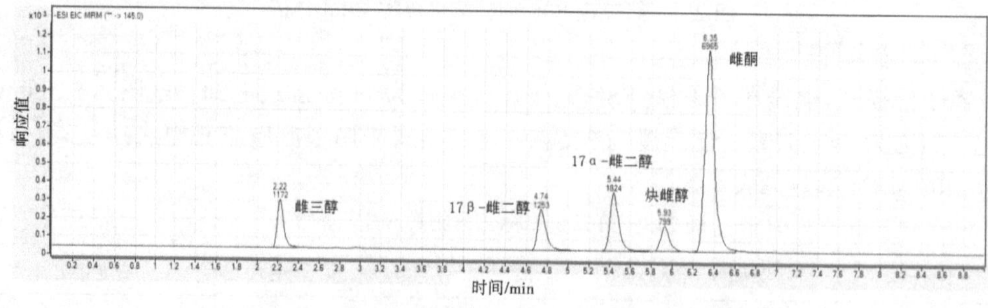

图 2.3 第三组 PPCPs 目标化合物 MRM 色谱

(2)质谱条件。

离子源模式:电喷雾离子源(ESI-),干燥气流速为 11 L/min,毛细管电压为 3 500 V,雾化器压力为 45 psi,离子源温度为 325 ℃,监测模式采用多反应监测模式,第三组目标化合物的 MRM 参数见表 2.7。

表 2.7　第三组目标化合物的 MRM 参数

化合物	母离子/(m/z)	子离子/(m/z)	碎裂电压/V	碰撞能量/eV
雌三醇 E3	287.1	145	180	45
		171	180	35
17β-雌二醇 17β-E2	271.1	145	160	40
		183	160	40
17α-雌二醇 17α-E2	271.1	145	160	40
		183	160	40
炔雌醇 EE2	295.2	145	160	45
		269	160	30
雌酮 E1	269.1	145	160	40
		159	160	35

2.4　前处理方法建立

2.4.1　标准溶液与样品准备

本研究中选取的目标化合物及内标化合物均是购买的固体标准物质，每种标准物质分别准确称取 5.0 mg 于 50 mL 容量瓶中，用甲醇定容，标准溶液(单标母液)的浓度为 100 mg/L。每组目标化合物分别取适量单标溶液，配制成 1 mg/L 混合标准溶液，以备仪器方法建立及回收率实验使用。使用相同方法，将 3 种同位素内标物质(^{13}C-红霉素，d_3、$^{13}C_6$-磺胺二甲嘧啶，萘普生-d_3、)单独配制成混合标准溶液，浓度为 1 mg/L，以备后续实验使用和计算。将各单标母液分装于 50 mL 聚丙烯离心管中，避光存储于-20 ℃的冰箱中。当取用标准溶液时，应先将其恢复至室温，在涡旋振荡器上混匀后方可使用，1 mg/L 的混合标准溶液应现用现配。

2.4.2　水及沉积物样品前处理

2.4.2.1　水样品前处理

由于 PPCPs 化合物在水环境中大部分都是 ng/L~μg/L，同时为了缩短样品前处理的时间，本方法使用样品量为 1 L。在样品进行前处理之前，应预先向水样品中(包括现场空白样品以及运输空白样品)加入 0.5 g Na_2EDTA，以防止 PPCPs 目标化合物(四环素等)与水中金属等离子发生螯合反应而影响定量分析。水样品中加入 100 μL 浓度为 1 mg/L 的 3 种同位素标记内标化合物混合标准溶液，用于控制整个分析过程的准确度。然后将样品进行充分混合，使用水样过滤装置对水样进行过滤，以除去水样中浮游生物及悬浮于样品中的较大颗粒物。每 10 个样品添加一个空白加标样品及一个空白样品，用于控制整个实验过程。空白加标样品取与实际水样同样体积的高纯水，并按照上述水样处理步骤进行处理。

2.4.2.2　沉积物样品前处理

分别从采集的沉积物样品中取约 200 g 存于自封袋中，先放入-20 ℃的冰箱中冷冻

24 h,再将冷冻后的沉积物样品放入冷冻干燥机中,干燥 48 h 后取出,经研磨后过 200 目筛,将研磨过筛后的样品存储于-20 ℃的冰箱中备用。本研究沉积物中孔隙水的获取方式为将沉积物样品进行离心处理,收集上清液即为孔隙水。

2.4.3　水样品前处理方法的优化

2.4.3.1　萃取柱的选择

目前,水样品中 PPCPs 的萃取方法多选用固相萃取方法,对水样品中 PPCPs 化合物的萃取柱主要有 HLB 柱、PEP 柱、C18 固相萃取柱等,本研究选取 HLB 柱、PEP 柱及 C18 固相萃取柱三种具有代表性的萃取柱,研究不同萃取柱对本研究选取的目标化合物的富集萃取效果。

取 1 L 纯水(每种萃取柱设置 5 个平行样品),加入 200 ng 的 PPCPs 目标化合物,模拟环境水样品。在样品萃取富集之前,先对(HLB 柱、PEP 柱、C18 固相萃取柱)进行活化,活化步骤为:将 SAX 阴离子交换柱与三种 SPE 柱(HLB 柱、PEP 柱、C18 固相萃取柱)串联,先用 5 mL 甲醇添加到固相萃取柱中,让其按重力流出,待其将要滴完时,再加入 5 mL 甲醇,让其按重力流出,待其将要滴完时,再加入 5 mL 高纯水,让其按重力流出,待高纯水将要滴完时,加入要富集萃取的样品,关闭出口阀。接着用聚四氟乙烯管线将固相萃取柱与各个样品瓶连接,打开出口阀,打开真空泵,调节样品流速为 5~10 mL/min。待样品完全通过固相萃取柱后,用 5 mL 高纯水淋洗三种固相萃取小柱,再用 5%甲醇(体积分数)的高纯水通过 HLB 小柱,将固相萃取柱在氮气保护下进行干燥 30 min 处理。先用 5 mL 甲醇淋洗 HLB 小柱,再用 0.1%氨水(体积分数)的甲醇淋洗 HLB 柱,最后用甲醇/丙酮溶液(1∶1,体积分数)淋洗固相萃取柱,合并洗脱液于 K-D 浓缩瓶中,将洗脱液放置在不高于 45 ℃的水浴中用缓和氮气吹至近干,用流动相准确定容至 1 mL,如果样品中有明显的颗粒物,将样品经 0.45 μm 滤膜过滤或在 8 000 rpm 离心机中离心 5 min,接着将样品转移入样品瓶内待测。

检测结果见图 2.4,C18 固相萃取柱对目标化合物的回收率为 15.3%~56.3%,对目标化合物的回收率较差。HLB 与 PEP 柱对大部分目标化合物的回收率较好,HLB 柱对目标化合物的回收率为 78%~112%,PEP 柱对目标化合物的回收率为 46.9%~115.6%。综合以上结果,本研究选取 HLB 固相萃取柱。HLB 固相萃取柱为亲水亲脂平衡小柱,其填料为可用于酸性、中性和碱性化合物的通用型吸附剂,并且这种填料可吸附极性或者弱极性的化合物,对许多化合物都有很好的重复性和较高的回收率,其对样品 pH 要求比较低,可以适应的 pH 为 0~14。因此,本研究主要使用的是 Oasis HLB 固相萃取柱(200 mg,6 cc,Waters 公司,美国)进行样品的萃取富集。

2.4.3.2　洗脱溶剂的选择

本研究分别考察了甲醇、乙腈、二氯甲烷等 3 种溶剂对 PPCPs 的洗脱效果。实验根据萃取溶剂的不同分为 3 组,每组共 5 个样品和 1 个实验空白样品。水样的制备是取 1 L 水样,分别加入 200 ng 的目标化合物和 200 ng 内标混合液,空白样品只加 200 ng 内标混合液,水样经 HLB 固相萃取柱萃取后分别用不同的溶剂洗脱。洗脱液经浓缩、定容后上机检测,3 种洗脱溶剂对目标化合物的洗脱效果如图 2.5 所示。二氯甲烷对所有目标化

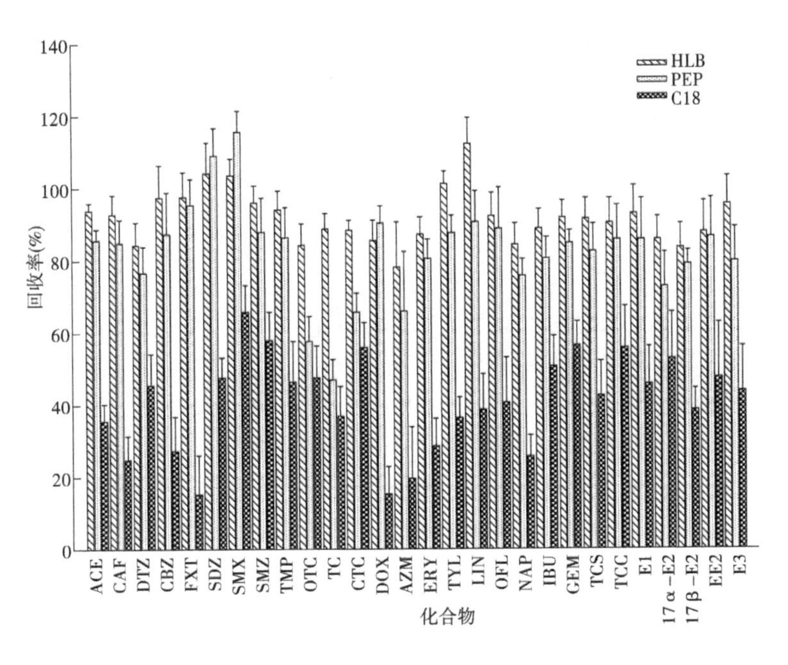

图 2.4　不同固相萃取柱对 PPCPs 目标化合物回收率的影响

合物的回收率均较低,可能是这些目标化合物的极性为中等偏强极性,而二氯甲烷的极性偏弱,从而造成二氯甲烷对目标化合物的回收率较低。乙腈对 AZM 和 LIN 的回收率较低,而甲醇对所有目标化合物的回收率均较好,目标化合物的回收率为 78.5%~115.6%,因此,本研究选取甲醇作为目标化合物的洗脱溶剂。

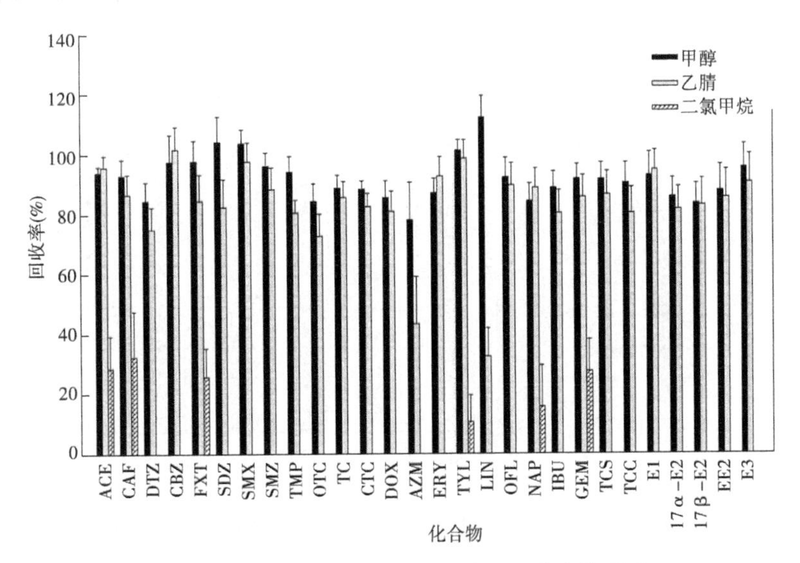

图 2.5　不同洗脱溶剂对目标化合物回收率的影响

2.4.4　沉积物中 PPCPs 萃取

由于许多 PPCPs 遇高温容易分解,进而影响定量的准确性,本研究采用超声萃取技术对沉积物中目标化合物进行萃取。

称取 2.0 g 经过研磨过筛后的空白沉积物样品(采自湖南桃花江水库,经过甲醇超声萃取、晾干,经检测,目标化合物的浓度均低于方法检出限)放入 50 mL 锥形瓶中,实验根据萃取溶剂的不同分为 3 组,每组共 5 个样品和 1 个实验空白样品。分别向每个样品中添加 100 ng 的 PPCPs 混合标准溶液,空白样品只添加 100 ng 内标混合溶液,加入 5 g 硅藻土混合均匀。加入 5 mL 0.1 mol/L 的 Na_2EDTA,10 mL 磷酸盐缓冲液(10.5 g 柠檬酸和 35.8 g 磷酸氢二钠,用超纯水定容至 500 mL),每组样品分别加入 15 mL 甲醇、乙腈和二氯甲烷,放置于 250 rpm 的摇床上振摇 15 min,再超声萃取 15 min,将上清液倒入 50 mL 离心管中,然后将上清液放置在离心机中以 6 000 rpm 的转速离心 5 min,离心后的上清液转移至 100 mL 圆底烧瓶中,重复上述萃取步骤 2 次,合并上清液,将合并后的上清液在旋转浓缩仪上浓缩至 40 mL 左右,并使用高纯水将上清液稀释至 500 mL。接着用 SAX 强阴离子交换柱与 Oasis HLB 固相萃取柱串联的方式对沉积物中目标化合物进行富集和净化,随后的操作步骤与水样品的处理步骤相同。样品经浓缩、定容及上机检测,3 种萃取溶剂对目标化合物的萃取效果如图 2.6 所示。二氯甲烷对大部分目标化合物的萃取效率较低,乙腈对 AZM 和 LIN 两种目标化合物的萃取效率较低,分别为 35.3%和 32.4%,而甲醇对大部分化合物的萃取效率较高,其回收率为 71.5%~114.3%,本研究选择甲醇作为沉积物中 PPCPs 的萃取溶剂。

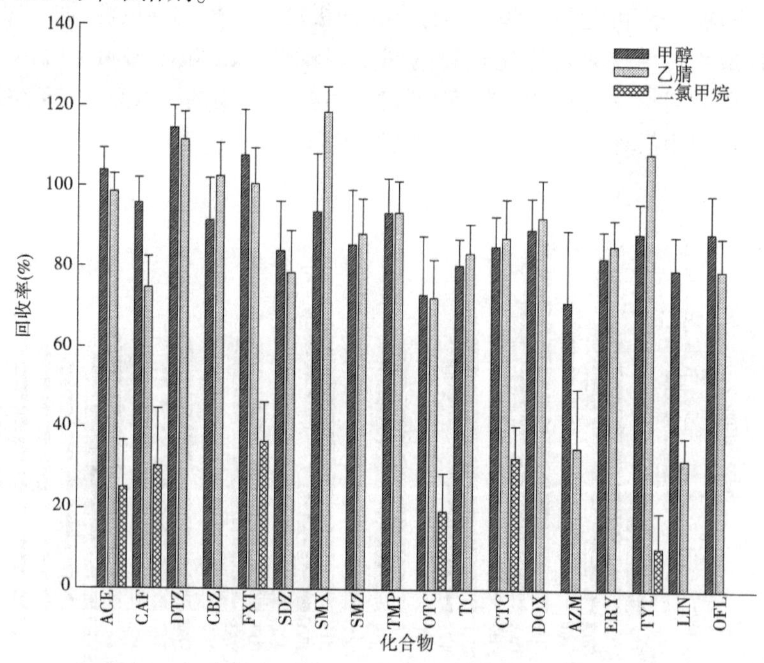

图 2.6 不同萃取溶剂对 PPCPs 目标化合物回收率的影响

2.5 工作曲线、检出限和定量限

因为环境样品基质复杂,所以本研究选取多组(每组至少 3 个平行样品)1 000 mL 高纯水样品代替环境样品，分别按照水样前处理方法，加入 500 μL 浓度为 1~1 000 μg/L 的混合标准溶液，配制成梯度混合标准溶液，随后进行 UPLC-MS/MS 检测。将各个 PPCPs 的检测结果绘制成工作曲线，各 PPCPs 化合物的工作曲线具有良好的线性关系，相关系数的平方值 $R^2>0.99$。

本研究设定信噪比（$\frac{S}{N}>3$）为检出限（LOD），采用 3 倍检出限作为定量限（LOQ），经过检测计算，各 PPCPs 化合物标准曲线信息及检出限和定量限见表 2.8、表 2.9。

表 2.8　PPCPs 化合物的标准曲线、水样品检出限和定量限

化合物	线性方程	相关系数的平方值 R^2	水样	
			LOD/(ng/L)	LOQ/(ng/L)
对乙酰氨基酚 ACE	$y=389.76x+8\ 942.43$	0.995	0.2	0.6
咖啡因 CAF	$y=223.75x+1\ 186.97$	0.999	0.2	0.6
地尔硫卓 DTZ	$y=1\ 103.66x-1\ 740.87$	0.999 9	0.2	0.6
卡马西平 CBZ	$y=3\ 684.29x+1\ 354.86$	0.991	0.2	0.6
氟西汀 FXT	$y=389.79x-211.47$	0.999	0.2	0.6
磺胺嘧啶 SDZ	$y=599.96x+10\ 126.66$	0.991	0.5	1.5
磺胺甲恶唑 SMX	$y=713.85x+1\ 157.32$	0.998	0.3	1
磺胺二甲嘧啶 SMZ	$y=1\ 327.09x+31\ 465.76$	0.991	0.5	1.5
甲氧苄啶 TMP	$y=505.46x+5\ 211.99$	0.996	0.15	0.45
土霉素 OTC	$y=4.52x-89.65$	0.998	0.3	1
四环素 TC	$y=18.64x-428.43$	0.998	0.2	0.6
金霉素 CTC	$y=5.27x-50.44$	0.996	0.2	0.6
强力霉素 DOX	$y=176.15x-3\ 783.57$	0.994	1	3
阿奇霉素 AZM	$y=233.77x-8\ 331.17$	0.998	1.5	4.5
红霉素 ERY	$y=1\ 541.07x+28\ 238$	0.997	0,3	1
泰乐菌素 TYL	$y=66.95x+1\ 858.62$	0.992	0.2	0.6
林可霉素 LIN	$y=931.21x+6\ 042$	0.999	0.2	0.6
氧氟沙星 OFL	$y=894.60x-2\ 827.51$	0.998	0.5	1.5
萘普生 NAP	$y=72.72x-299.33$	0.999	0.8	2.5
布洛芬 IBU	$y=24.93x-302.54$	0.999	0.9	3
吉非罗齐 GEM	$y=687.22x-6\ 880.34$	0.999	0.9	3

续表 2.8

化合物	线性方程	相关系数的平方值 R^2	水样	
			LOD/(ng/L)	LOQ/(ng/L)
三氯生 TCS	$y=112.68x-178.38$	0.999	0.6	2
三氯卡班 TCC	$y=85.25x-256.35$	0.996	0.6	2
雌酮 E1	$y=7.32x+30.28$	0.997	2	6
17α-雌二醇 17α-E2	$y=6.49x+8.62$	0.996	2	6
17β-雌二醇 17β-E2	$y=7.46x+1.80$	0.999	2	6
炔雌醇 EE2	$y=10.32x+5.67$	0.995	1.5	4.5
雌三醇 E3	$y=1.47x+8.29$	0.999	1.5	4.5

表 2.9　PPCPs 化合物的标准曲线、沉积物样品检出限和定量限

化合物	线性方程	相关系数的平方值 R^2	沉积物	
			LOD/(ng/L)	LOQ/(ng/L)
对乙酰氨基酚 ACE	$y=389.76x+8\ 942.43$	0.995	0.3	1
咖啡因 CAF	$y=223.75x+1\ 186.97$	0.999	0.3	1
地尔硫卓 DTZ	$y=1\ 103.66x-1\ 740.87$	0.999 9	0.3	1
卡马西平 CBZ	$y=3\ 684.29x+1\ 354.86$	0.991	0.2	0.6
氟西汀 FXT	$y=389.79x-211.47$	0.999	0.4	1.2
磺胺嘧啶 SDZ	$y=599.96x+10\ 126.66$	0.991	0.5	1.5
磺胺甲恶唑 SMX	$y=713.85x+1\ 157.32$	0.998	0.5	1.5
磺胺二甲嘧啶 SMZ	$y=1\ 327.09x+31\ 465.76$	0.991	0.5	1.5
甲氧苄啶 TMP	$y=505.46x+5\ 211.99$	0.996	0.3	1
土霉素 OTC	$y=4.52x-89.65$	0.998	0.8	2.5
四环素 TC	$y=18.64x-428.43$	0.998	0.3	1
金霉素 CTC	$y=5.27x-50.44$	0.996	0.3	1
强力霉素 DOX	$y=176.15x-3\ 783.57$	0.994	0.2	0.6
阿奇霉素 AZM	$y=233.77x-8\ 331.17$	0.998	0.5	1.5
红霉素 ERY	$y=1\ 541.07x+28\ 238$	0.997	0.2	0.6
泰乐菌素 TYL	$y=66.95x+1\ 858.62$	0.992	0.3	1
林可霉素 LIN	$y=931.21x+6\ 042$	0.999	0.4	1.2
氧氟沙星 OFL	$y=894.60x-2\ 827.51$	0.998	0.3	1

2.6　方法的回收率

分别向地表水(采自密云水库)和沉积物样品(采自湖南桃花江水库,经过乙腈超声萃取、晾干,经检测,目标化合物的浓度均低于方法检出限)添加已知浓度的 PPCPs 标准物质,按照上述方法,应用 UPLC-MS/MS 技术对加标水样及沉积物样品进行检测,进而计算上述方法萃取水及沉积物中 PPCPs 化合物的回收率,检测结果见表 2.10、表 2.11。

表 2.10　PPCPs 目标化合物水样品中的回收率($n=3$)

化合物	回收率±*RSD*%	
	20/(ng/L)	200/(ng/L)
对乙酰氨基酚 ACE	89.8±4.5	93.8±2.0
咖啡因 CAF	90.5±5.7	92.7±5.4
地尔硫卓 DTZ	80.6±8.5	84.3±6.3
卡马西平 CBZ	95.4±7.8	97.4±8.9
氟西汀 FXT	93.2±7.5	97.6±6.8
磺胺嘧啶 SDZ	107.6±8.2	104.0±8.5
磺胺甲恶唑 SMX	108.3±6.6	103.5±4.6
磺胺二甲嘧啶 SMZ	90.8±6.2	95.9±4.6
甲氧苄啶 TMP	90.6±5.7	94.0±5.2
土霉素 OTC	79.8±7.5	84.2±5.9
四环素 TC	85.4±5.6	88.6±4.3
金霉素 CTC	83.7±5.8	88.3±2.7
强力霉素 DOX	80.5±7.6	85.4±5.6
阿奇霉素 AZM	73.8±13.8	78.0±12.5
红霉素 ERY	85.7±6.4	87.0±4.8
泰乐菌素 TYL	95.8±4.4	101.0±3.5
林可霉素 LIN	107.0±8.6	112.0±7.3
氧氟沙星 OFL	95.8±7.8	92.1±6.5
萘普生 NAP	80.2±8.5	84.2±5.9
布洛芬 IBU	85.4±5.6	88.6±5.4
吉非罗齐 GEM	86.7±6.8	91.6±4.8
三氯生 TCS	88.4±7.4	91.4±5.6
三氯卡班 TCC	93.6±8.2	90.2±6.8

续表 2.10

化合物	回收率±*RSD*%	
	20(ng/L)	200(ng/L)
雌酮 E1	91.5±8.9	92.7±7.8
17α-雌二醇 17α-E2	83.5±9.3	85.6±6.3
17β-雌二醇 17β-E2	80.6±8.2	83.4±6.6
炔雌醇 EE2	85.4±10.2	87.6±8.6
雌三醇 E3	90.5.6±8.2	95.3±7.8

注:*n* 为样品个数。

表 2.11　PPCPs 目标化合物在沉积物样品中的回收率(n=3)

化合物	回收率±*RSD*%	
	50/(ng/g)	500/(ng/g)
对乙酰氨基酚 ACE	83.8±4.8	87.9±3.6
咖啡因 CAF	98.1±5.0	95.8±3.5
地尔硫卓 DTZ	125.8±5.6	113.6±4.2
卡马西平 CBZ	82.8±11.5	93.6±10.6
氟西汀 FXT	90.7±14.9	92.4±11.4
磺胺嘧啶 SDZ	87.5±6.9	85.6±4.8
磺胺甲恶唑 SMX	97.6±5.8	102.6±6.3
磺胺二甲嘧啶 SMZ	82.8±5.2	87.5±6.2
甲氧苄啶 TMP	103.1±5.3	97.7±5.8
土霉素 OTC	123.5±13.5	118.6±11.4
四环素 TC	84.1±4.8	89.5±3.8
金霉素 CTC	106.9±5.2	95.6±6.0
强力霉素 DOX	79.8±6.5	83.5±5.8
阿奇霉素 AZM	67.4±18.0	69.3±15.6
红霉素 ERY	86.5±7.9	88.4±6.2
泰乐菌素 TYL	66.4±17.5	69.5±14.8
林可霉素 LIN	96.9±3.8	93.6±5.7
氧氟沙星 OFL	65.3±8.5	68.7±6.4

注:*n* 为样品个数。

2.7　生态风险评价

为研究海河流域典型水体中 PPCPs 对水生生态系统的影响,查阅相关文献资料,应用风险商值(RQ)评价模型对水体中 PPCPs 残留对水生生态系统存在的潜在风险进行评价,其计算公式如下:

$$RQ_{water} = \frac{MEC}{PNEC_{water}} \tag{2.1}$$

$$RQ_{sediment} = \frac{MEC}{PNEC_{sediment}} \tag{2.2}$$

$$PNEC_{water} = \frac{LC_{50}}{AF} \text{或} \frac{EC_{50}}{AF} \tag{2.3}$$

$$PNEC_{sediment} = PNEC_{water} \times K_d \tag{2.4}$$

$$K_d = K_{oc} \times F_{oc} \tag{2.5}$$

$$\lg K_{oc} = 0.623 \lg K_{ow} + 0.873 \tag{2.6}$$

式中　MEC——环境实测浓度,ng/L;

$PNEC_{water}$——水中预测无效应浓度,是在现有认知下不会对环境中生物或生态系统产生不利效应的最大药物浓度,μg/L;

LC_{50}——半致死浓度,LC_{50};由文献中获得,当存在多个值时,取最小值;

EC_{50}——半最大效应浓度,ng/L;由文献中获得,当存在多个值时,取最小值;

AF——评价因子,取欧盟 Water Framework Directive 的推荐值(1 000);

$PNEC_{sediment}$——沉积物中预测无效应浓度,μg/kg;

K_d——沉积物-水分配系数;

K_{oc}——有机化合物吸附系数,L/kg;

F_{oc}——有机碳在沉积物中的吸着系数,取 0.03 g/g^{-1};

K_{ow}——水/辛醇分配系数,L/kg。

当 $0.01 \leqslant RQ < 0.10$ 时,为低风险;当 $0.10 \leqslant RQ < 1.00$ 时,为中风险;当 $RQ \geqslant 1.00$ 时,为高风险。

2.8　本章小结

基于固相萃取-超高效液相色谱-串联三重四极杆质谱联用技术,建立了水中和沉积物中 PPCPs 检测方法,PPCPs 在水中检出限为 0.2~2.0 ng/L,定量限为 0.6~6 ng/L。PPCPs 在沉积物中检出限为 0.2~0.8 ng/g,定量限为 0.6~2.5 ng/g。PPCPs 在水样品中回收率为 73.8%~112%,PPCPs 在沉积物样品中回收率为 65.3%~123.5%,相对标准偏差均小于 20%。

建立海河流域典型水体表层水及沉积物中 PPCPs 的风险评价方法,应用于海河流域典型水体表层水及沉积物中 PPCPs 潜在风险评价。

第3章 海河流域典型湖泊、河流水体中PPCPs分布状况与潜在风险

3.1 白洋淀水环境中PPCPs分布状况与潜在风险

白洋淀位于河北省中部，是我国华北地区最大的浅水湖泊，是在太行山前的永定河和滹沱河冲积扇交汇处的扇缘洼地上汇水形成的，从北、西、南三面接纳瀑河、唐河、漕河、潴龙河等河流。白洋淀是由超过140个大大小小的浅水湖泊组成的连片水域，其水域面积达到366 km^2。白洋淀在补充本区域地下水、调蓄洪水、保持生物多样性等方面具有非常重要的作用。2017年4月1日，我国正式宣布“雄安新区”成立，白洋淀作为“雄安新区”的重要水体，其水质状况显得越来越重要。在过去的20年间，白洋淀已经遭到严重的污染，包括重金属、多溴联苯醚、多环芳烃等污染物在白洋淀湖区的分布及潜在风险已经有了许多相关的研究报道。然而，有关PPCPs在白洋淀水环境中的赋存状况只有两篇文献报道。Li等在2008年和2010年对白洋淀水体中22种抗生素进行了研究，包括8种喹诺酮类、9种磺胺类、5种大环内酯类；Cheng等在2014年对白洋淀水体中的土霉素、四环素、诺氟沙星和氧氟沙星等4种抗生素进行了研究。

3.1.1 研究目的

本研究的目的是对白洋淀表层水、沉积物及孔隙水中PPCPs进行研究，揭示本区域PPCPs的污染状况及分布规律，并对本区域水环境中PPCPs的潜在风险进行研究，以期为决策部门提供数据和理论支持。

3.1.2 样品采集

2017年3月在白洋淀及其上游河流采集表层水样及沉积物样品，采样点位置信息见表3.1及图3.1。共采集31个表层水样品（S1—S16采集于白洋淀，S17—S19采集于白沟引河，S20—S22采集于瀑河，S23—S26采集于府河，S27采集于唐河，S28—S31采集于孝义河）和29个沉积物样品（S2和S8采样点没有采集到沉积物样品）。所有样品在采集之后保存在4 ℃环境中，尽快运回实验室进行处理。表层水样品用不锈钢采水器采集，采水器在采集样品之前先用超纯水清洗3遍，采样时再用采样区的水样润洗3次。样品采集后保存在4 ℃环境中，在5 d之内完成富集。沉积物样品用采泥器采集，运回实验室后进行冷冻干燥、研磨，过200目筛，在进行萃取之前保存于-20 ℃冰箱中。

表 3.1　白洋淀及其上游河流采样点详细位置信息

采样点	采样点坐标	采样日期/(年-月-日)	采样点位置
S1	115°53′53.21″E　38°50′18.97″N	2017.03.09	白洋淀
S2	115°56′24.32″E　38°50′40.18″N	2017.03.09	白洋淀
S3	115°59′6.74″E　38°52′1.26″N	2017.03.09	白洋淀
S4	115°59′41.47″E　38°50′59.68″N	2017.03.09	白洋淀
S5	115°59′21.01″E　38°50′24.17″N	2017.03.09	白洋淀
S6	115°59′59.23″E　38°50′9.22″N	2017.03.09	白洋淀
S7	116°1′10.31″E　38°49′42.38″N	2017.03.09	白洋淀
S8	116°2′8.43″E　38°50′53.77″N	2017.03.09	白洋淀
S9	116°2′16.84″E　38°51′32.76″N	2017.03.09	白洋淀
S10	116°3′50.06″E　38°51′25.86″N	2017.03.09	白洋淀
S11	116°3′53.51″E　38°51′54.32″N	2017.03.09	白洋淀
S12	116°5′25.63″E　38°53′48.11″N	2017.03.09	白洋淀
S13	116°2′52.17″E　38°54′28.94″N	2017.03.09	白洋淀
S14	116°0′32.8″E　38°55′3.12″N	2017.03.09	白洋淀
S15	115°59′33.81″E　38°54′10.6″N	2017.03.09	白洋淀
S16	115°58′54.19″E　38°52′32.65″N	2017.03.09	白洋淀
S17	116°01′53.47″E　39°02′44.62″N	2017.03.08	白沟引河
S18	116°01′40.34″E　39°00′40.17″N	2017.03.08	白沟引河
S19	116°00′52.14″E　38°58′53.93″N	2017.03.08	白沟引河
S20	115°40′27.56″E　38°57′41.87″N	2017.03.08	瀑河
S21	115°42′48.15″E　38°56′15.72″N	2017.03.08	瀑河
S22	115°45′58.97″E　38°54′53.14″N	2017.03.08	瀑河
S23	115°30′52.29″E　38°50′43.40″N	2017.03.08	府河
S24	115°34′57.44″E　38°50′1.76″N	2017.03.08	府河
S25	115°43′11.82″E　38°51′59.75″N	2017.03.08	府河
S26	115°49′37.61″E　38°53′3.31″N	2017.03.08	府河
S27	115°44′6.13″E　38°47′58.88″N	2017.03.08	唐河
S28	115°49′11.25″E　38°41′19.03″N	2017.03.08	孝义河
S29	115°49′12.36″E　38°43′35.07″N	2017.03.08	孝义河
S30	115°50′51.07″E　38°45′45.01″N	2017.03.08	孝义河
S31	115°51′46.39″E　38°47′8.34″N	2017.03.08	孝义河

3.1.3　结果与讨论

3.1.3.1　白洋淀表层水中 PPCPs 含量

白洋淀表层水中 PPCPs 浓度见表 3.2。选取的 PPCPs 在白洋淀表层水中都有不同程度检出。咖啡因和卡马西平在所有水样中都有检出,其余 PPCPs(泰乐菌素除外,38.7%)检出率均高于60%。咖啡因在表层水样品中浓度最高,其平均浓度为 266.2 ng/L,林可霉素的平均浓度仅次于咖啡因,为 107.1 ng/L。地尔硫卓、磺胺嘧啶和金霉素平均浓度最低,分别为 4.90 ng/L、8.79 ng/L 和 4.87 ng/L,但是其在表层水样品中检出率较高。

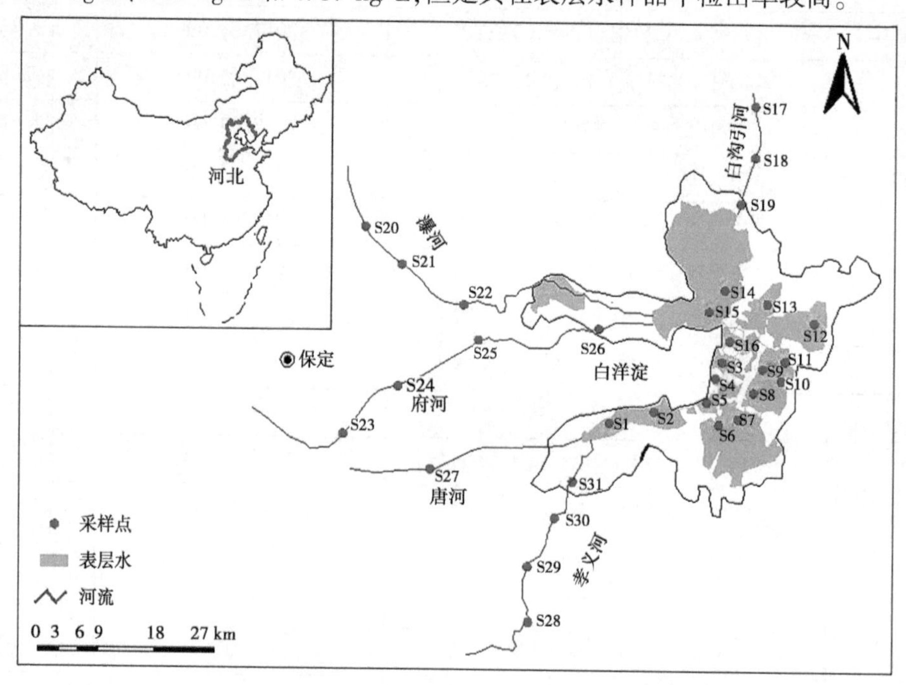

S1—S16 采集于白洋淀,S17—S19 采集于白沟引河,S20—S22 采集于瀑河,
S23—S26 采集于府河,S27 采集于唐河,S28—S31 采集于孝义河。

图 3.1　白洋淀表层水及沉积物采样示意图

从各化合物在白洋淀表层水样品中组成情况看,5 种非抗生素类药物(对乙酰氨基酚、咖啡因、地尔硫卓、卡马西平和氟西汀)为优势污染物,其总平均浓度占 PPCPs 总平均浓度为 53.26%,见图 3.2。在本研究中,5 种非抗生素类药物在人们日常生活中应用非常广泛,其在白洋淀表层水中检出率和检出浓度较高。5 种非抗生素类药物除地尔硫卓(4.90 ng/L)外,其余 4 种非抗生素类药物的平均浓度均大于 30.0 ng/L。咖啡因平均浓度最高,为 226.2 ng/L,其在各个采样点的最高浓度为 726.8 ng/L。咖啡因是一种常见的中枢兴奋剂,对人类大脑皮层具有选择性兴奋作用,常在茶、咖啡、可乐型饮料及巧克力糖果中作为兴奋剂、香料和苦味剂;同时咖啡因是一种重要的解热镇痛药,是复方阿司匹林的主要成分之一。咖啡因在世界范围内都有很高的检出率,其可以作为水环境中人为排放源的一个标志物。在白洋淀及其上游河流中均有咖啡因检出, 说明其从污水处理厂出

表3.2　白洋淀表层水、沉积物及孔隙水中PPCPs的浓度

化合物	表层水（n=31, ng/L）				孔隙水（n=29, ng/L）				沉积物（n=29, ng/g, 干重）			
	最大值	最小值	平均值	检出率/%	最大值	最小值	平均值	检出率/%	最大值	最小值	平均值	检出率/%
对乙酰氨基酚 ACE	72.0	N. D.	31.5	87.1	31.0	N. D.	7.22	79.3	24.0	N. D.	10.9	86.2
咖啡因 CAF	726.8	24.3	266.2	100	73.7	5.24	31.7	100	30.5	1.37	11.1	100
地尔硫卓 DTZ	13.9	N. D.	4.90	77.4	2.78	N. D.	0.65	37.9	15.3	N. D.	5.07	79.3
卡马西平 CBZ	271.0	15.6	72.0	100	7.56	N. D.	2.32	75.9	54.2	3.12	14.7	100
氟西汀 FXT	101.1	N. D.	34.5	90.0	27.1	N. D.	6.86	79.3	16.2	N. D.	5.35	89.7
磺胺嘧啶 SDZ	33.0	N. D.	8.79	80.6	6.61	N. D.	1.55	55.2	7.60	N. D.	2.03	82.8
磺胺甲恶唑 SMX	55.0	N. D.	21.6	83.9	11.0	N. D.	4.44	86.2	18.3	N. D.	7.30	82.8
磺胺二甲嘧啶 SMZ	151.7	N. D.	26.4	80.6	58.3	N. D.	6.28	62.1	8.17	N. D.	2.26	93.1
甲氧苄啶 TMP	54.4	N. D.	20.5	87.1	7.99	N. D.	4.13	89.7	7.26	N. D.	3.78	90.0
土霉素 OTC	57.5	N. D.	22.6	96.8	11.4	N. D.	4.19	89.7	13.7	N. D.	5.17	96.6
四环素 TC	57.6	N. D.	20.8	90.3	11.5	N. D.	3.06	72.4	10.4	N. D.	3.73	93.1
金霉素 CTC	15.0	N. D.	4.87	87.1	3.49	N. D.	1.30	65.5	9.94	N. D.	4.29	89.7
强力霉素 DOX	74.8	N. D.	10.4	67.1	15.0	N. D.	1.93	44.8	11.6	N. D.	3.00	72.4
阿奇霉素 AZM	215.1	N. D.	45.3	90.3	43.0	N. D.	7.91	75.8	37.7	N. D.	12.1	93.1
红霉素 ERY	107.3	N. D.	37.9	96.8	99.0	N. D.	29.9	93.1	15.5	N. D.	5.36	86.2
泰乐菌素 TYL	24.2	N. D.	4.71	38.7	16.9	N. D.	0.97	17.2	29.1	N. D.	5.09	34.5
林可霉素 LIN	407.1	N. D.	107.1	90.3	96.7	N. D.	20.2	79.3	15.7	N. D.	5.51	93.1
氧氟沙星 OFL	64.7	N. D.	27.9	96.8	12.9	N. D.	5.43	93.1	8.40	N. D.	3.53	93.1

注：N. D. 为低于检出限；n 为样品个数。

水或者居民生活污水直接排放入白洋淀周边水环境中,同时也说明,在白洋淀周边区域咖啡因类产品消费量较大。在中国,咖啡因产品消费量较大的可能是茶和可乐型的饮料。

磺胺嘧啶、磺胺甲恶唑和甲氧苄啶是常用于人类疾病治疗的抗生素,磺胺二甲嘧啶是常用于动物疾病治疗的抗生素。在本研究中,4 种磺胺类抗生素(磺胺嘧啶、磺胺二甲嘧啶、磺胺甲恶唑及甲氧苄啶)在白洋淀 31 个表层水样品中的检出率均大于 80%。甲氧苄啶的检出率最高,为 87.1%,4 种磺胺类抗生素检出率为甲氧苄啶>磺胺甲恶唑>磺胺嘧啶>磺胺二甲嘧啶。磺胺甲恶唑和甲氧苄啶的平均浓度在 4 种磺胺类抗生素中最高,其平均浓度分别为 21.6 ng/L 和 20.5 ng/L。与已有研究报道相比较,磺胺甲恶唑虽然在白洋淀表层水样品中检出率比较高,但是其在白洋淀表层水样品中检出浓度并不是很高。与以往研究报道相比,本研究中磺胺类抗生素的浓度处于中等污染水平。磺胺甲恶唑在白洋淀表层水样品中浓度远低于我国黄浦江、太湖和法国塞纳河表层水中的浓度,其浓度分别为 259.6 ng/L、48.4 ng/L 和 40.0 ng/L。但是相比于在我国珠江流域枯水期(12.4 ng/L)、丰水期(4.65 ng/L)和东江流域(14.9 ng/L)磺胺甲恶唑的浓度,白洋淀表层水中的浓度较高。

土霉素、四环素和强力霉素主要是人用和兽用抗生素,金霉素主要是人用抗生素。在 4 种四环类抗生素中,强力霉素的检出率为 67.5%,其余 3 种四环素类抗生素(土霉素、四环素和金霉素)检出率都超过了 87%。土霉素(96.8%)的检出率最高,其次是四环素(90.3%)和金霉素(87.1%)。在白洋淀表层水样中,土霉素(22.6 ng/L)的检出浓度最高,金霉素(4.87 ng/L)平均检出浓度最低。与以往研究结果相比较,四环素类抗生素,尤其是土霉素和四环素在世界内都有很高的检出率。白洋淀表层水样中,四环素类抗生素的平均浓度处于中等污染水平,土霉素的平均浓度低于黄浦江(78.3 ng/L)和太湖(44.2 ng/L),但是四环素的平均浓度却高于黄浦江(4.20 ng/L)和珠江(7.37 ng/L)。

阿奇霉素和红霉素主要是用于治疗人类疾病的抗生素,泰乐菌素和林可霉素主要用于动物的疾病治疗。在这 4 种大环内酯类抗生素(阿奇霉素、红霉素、泰乐菌素、林可霉素)中,除泰乐菌素(38.7%)的检出率较低外,其余 3 种抗生素的检出率都超过了 90%。红霉素(96.8%)是检出率最高的一种大环内酯类抗生素,阿奇霉素和林可霉素的检出率也较高,均为 90.3%。泰乐菌素的检出率最低,并且其平均浓度也最低,为 4.71 ng/L。在以往研究中,林可霉素都有较高的检出率,在本研究中,林可霉素的平均浓度比中国长江中下游表层水(13.3 ng/L)及美国伊利湖表层水(未检出)中浓度高。在本研究中,红霉素浓度比中国长江中下游表层水(296 ng/L)及太湖表层水(109.1 ng/L)中平均浓度低,但是比英国塔夫河(4.0 ng/L)和越南湄公河(9~12 ng/L)表层水的浓度高。

喹诺酮类抗生素主要是用于人和动物疾病治疗的一类抗生素。在本研究中,氧氟沙星是本研究选取的唯一一种喹诺酮类抗生素,在白洋淀表层水中,氧氟沙星(96.8%)具有较高的检出率,其平均浓度为 27.9 ng/L。与以往研究相比较,氧氟沙星都具有较高的检出率,但是在白洋淀表层水中,其平均浓度处于中等污染水平。白洋淀水体中氧氟沙星的平均浓度比中国浙江钱塘江(60~85 ng/L)和天津独流减河(49.2~89.4 ng/L)低,但是比中国珠江丰水期(7.10 ng/L)和枯水期(6.16 ng/L)高。白洋淀水体中氧氟沙星的浓度与中国太湖(32.2 ng/L)和法国塞纳河(30.0 ng/L)的浓度相当,这表明不同的抗生素在世界不同地区的使用具有一定的差异性。

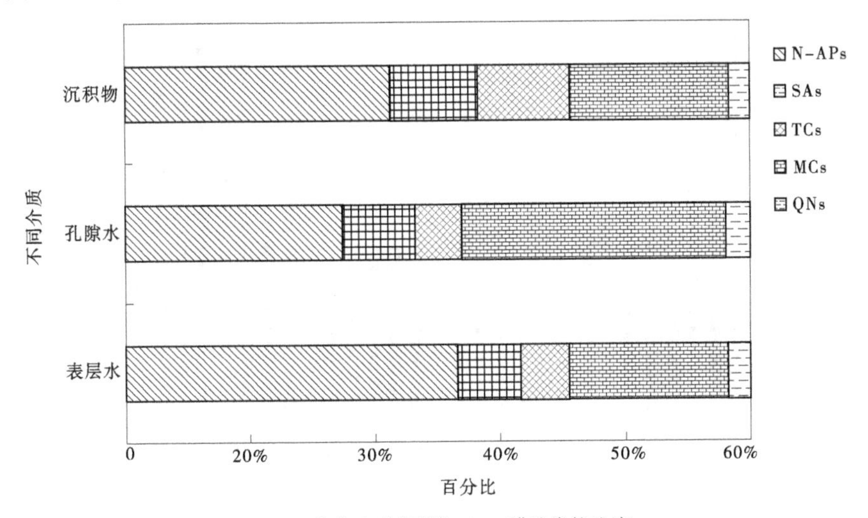

N-APs:非抗生素类药物;SAs:磺胺类抗生素;

TCs:四环素类抗生素;MCs:大环内酯类抗生素;QNs:喹诺酮类抗生素。

图 3.2　PPCPs 在白洋淀表层水、孔隙水和沉积物中的成分分布图

从各水体单元表层水来看,白沟引河(S17—S19, 871.8~923.2 ng/L)、瀑河(S20—S22,1 060~1 783 ng/L)、府河(S23—S26,1 815~2 012 ng/L)、唐河(S27,1 513 ng/L)比白洋淀(S1—S16,175.1~819.2 ng/L)和孝义河(S28—S31, 357.1~541.8 ng/L)浓度高,见图 3.3。从各采样点看,府河中 S25 采样点浓度最高,为 2 012 ng/L。从各个采样点浓度来看,越往河流下游,河流表层水中 PPCPs 浓度越高。府河是白洋淀上游唯一一条终年不断流河流,其也接收了大量的工业及生活污水,府河可能对白洋淀湖区水体中 PPCPs 贡献较大。根据已有文献报道,府河每年接收保定城区排放的工业废水达到 250 000 m^3/d。所以,拥有 800 万人口的保定市,每天排放的包含 PPCPs 类化合物的工业及生活污水对白洋淀湖区水体会产生一定的影响。白洋淀湖区周边人类的生产、生活也对白洋淀水体中 PPCPs 产生重要的影响。在人类活动较少的白洋淀湖区中央表层水中的 PPCPs 含量较低(S3—S16, 116.8~396.6 ng/L),相反,白洋淀湖区人类活动频繁的区域表层水中 PPCPs 含量较高(S1=774.8 ng/L, S2=819.2 ng/L)。研究结果表明,白洋淀湖区表层水中 PPCPs 污染物受上游污水和白洋淀湖区居民生活及旅游活动的共同影响。

3.1.3.2　白洋淀沉积物中 PPCPs 含量

在沉积物中,所有目标化合物都有较高的检出率(见表 3.2),其在不同采样点的浓度分布见图 3.4。PPCPs 化合物在白洋淀沉积物中浓度为 43.0~222.2 ng/g(干重,下同),其中,非抗生素药物和大环内酯类抗生素为优势污染物。白洋淀沉积物中不同种类 PPCPs 平均浓度符合以下顺序:非抗生素类药物(42.7%)>大环内酯类抗生素(25.43%)>四环素类抗生素(14.69%)>磺胺类抗生素(13.90%)>喹诺酮类抗生素(3.24%)。

在白洋淀沉积物样品中,选取的 5 种非抗生素类药物都有检出。咖啡因和卡马西平检出率都为 100%,氟西汀、对乙酰氨基酚和地尔硫卓的检出率分别为 89.7%、86.2% 和 79.3%。在所有沉积物样品中,5 种非抗生素药物为优势污染物,其总浓度占全部 PPCPs

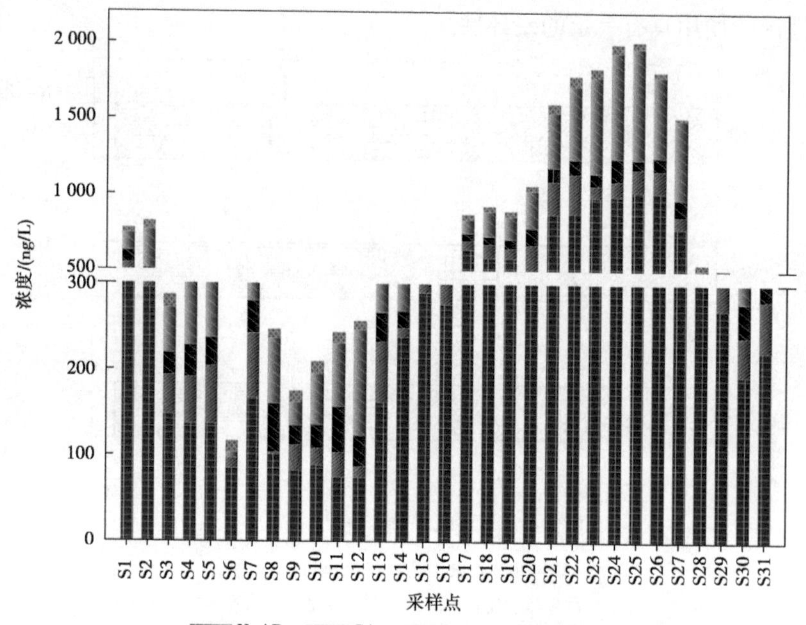

N-APs：非抗生素类药物；SAs：磺胺类抗生素；

TCs：四环素类抗生素；MCs：大环内酯类抗生素；QNs：喹诺酮类抗生素。

图 3.3　PPCPs 在白洋淀表层水中的浓度

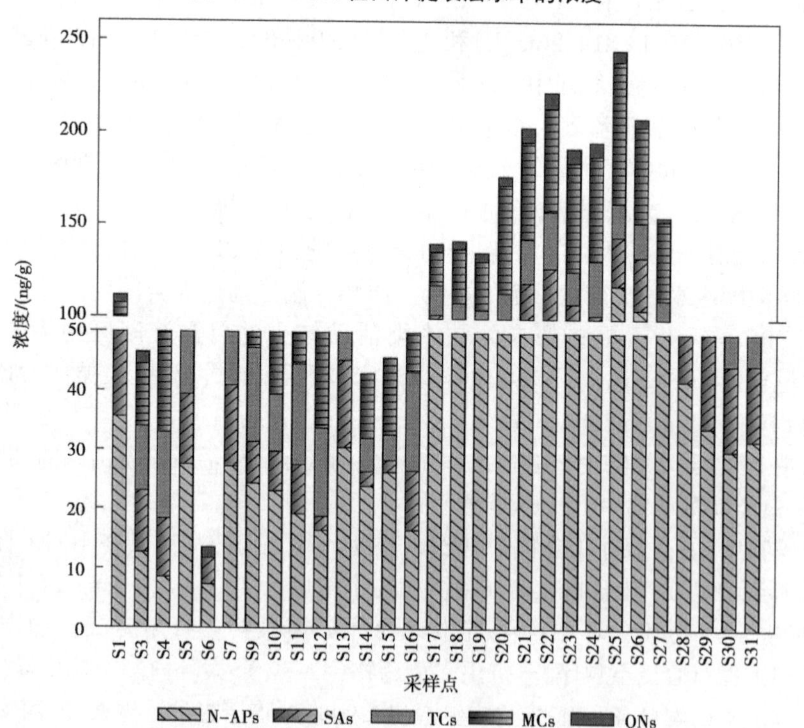

N-APs：非抗生素类药物；SAs：磺胺类抗生素；

TCs：四环素类抗生素；MCs：大环内酯类抗生素；QNs：喹诺酮类抗生素。

图 3.4　白洋淀沉积物中 PPCPs 的浓度

浓度的42.7%,见图3.2。卡马西平与咖啡因浓度分别为14.7 ng/g和11.1 ng/g,高于地尔硫卓(5.07 ng/g)和氟西汀(5.35 ng/g)。卡马西平浓度比巴西托斯湾(4.81 ng/g)浓度要高,但咖啡因浓度远远低于巴西巴伊亚省萨尔瓦多沿海沉积物中浓度(23.4 ng/g)。

磺胺类抗生素在白洋淀29个沉积物样品检出率大于82%。磺胺甲恶唑平均浓度最高,为7.30 ng/g,其次是甲氧苄啶,为3.78 ng/g。磺胺嘧啶和磺胺二甲嘧啶检出浓度最低,分别为2.03 ng/g和2.26 ng/g,但是其都具有较高的检出率,分别为82.8%和93.1%。与已有研究相比,白洋淀沉积物中磺胺甲恶唑浓度比黄浦江(0.2 ng/g)高,但是低于太湖(16.1 ng/g)和珠江流域(12.4 ng/g)。

四环素类抗生素在白洋淀29个沉积物样品中检出率大于72%。在不同采样点,四环素类抗生素的浓度相似,浓度范围为3.0~5.17 ng/g。与在太湖研究报道沉积物中土霉素(52.8 ng/g)、四环素(47.9 ng/g)和金霉素(19.0 ng/g)含量相比,白洋淀沉积物中的四环素类抗生素含量较低。

大环内酯类抗生素(泰乐菌素除外,为34.5%)在白洋淀29个沉积物样品中检出率大于86%。在不同采样点,几种大环内酯类抗生素平均浓度相似,浓度为5.09~12.1 ng/g。与已有研究相比,白洋淀沉积物中平均浓度最高的红霉素(12.1 ng/g)与在中国黄浦江(10.2 ng/g)沉积物中的检出浓度相似。

氧氟沙星是本研究中唯一一种喹诺酮类抗生素,其在白洋淀沉积物中检出率较高,为93.1%,其平均浓度为3.53 ng/g。与已有研究相比,白洋淀沉积物中氧氟沙星的平均浓度与中国黄浦江(6.50 ng/g)、珠江(3.50 ng/g)、黄河(3.07 ng/g)、海河(10.3 ng/g)、辽河(3.56 ng/g)等主要水体的平均浓度相似,但是其低于中国的太湖(16.5 ng/g)沉积物中的平均浓度。

3.1.3.3　白洋淀沉积物孔隙水中PPCPs含量

在沉积物孔隙水样品中,所有PPCPs都有较高的检出率,见表3.2,不同采样点沉积物孔隙水中PPCPs含量见图3.5。白洋淀沉积物孔隙水中PPCPs总浓度为22.2~369.8 ng/L,其中大环内酯类和非抗生素类药物为优势污染物。不同种类PPCPs的平均浓度符合以下顺序:大环内酯类抗生素(42.12%)>非抗生素类药物(34.80 ng/L)>磺胺类抗生素(11.71%)>四环素类抗生素(7.48%)>喹诺酮类抗生素(3.88%)。

在白洋淀沉积物孔隙水中5种非抗生素类药物,除了咖啡因浓度较高,为31.7 ng/L,其余4种非抗生素类药物的平均浓度均低于7.25 ng/L。这5种药物除了地尔硫卓检出率为37.9%),其他4种在白洋淀29个沉积物孔隙水中检出率均大于75%。在29个沉积物孔隙水样品中,4种磺胺类抗生素的检出率均大于55%,其平均浓度均低于6.30 ng/L。在白洋淀29个沉积物孔隙水样品中,4个四环素类抗生素的检出率均大于44%,平均浓度为4.20 ng/L,其检出率范围为44.8%~89.7%。3种大环内酯类抗生素(阿奇霉素、红霉素、林可霉素)在孔隙水中检出率均大于75%,但是泰乐菌素检出率为17.2%。孔隙水中4种大环内酯类抗生素,红霉素平均浓度最高,为29.9 ng/L;其次是林可霉素,其平均浓度为20.2 ng/L;泰乐菌素平均浓度最低,为0.97 ng/L。

氧氟沙星作为本研究唯一一种喹诺酮类抗生素,其在孔隙水中具有较高的检出率,为93.1%,其平均浓度为5.43 ng/L。

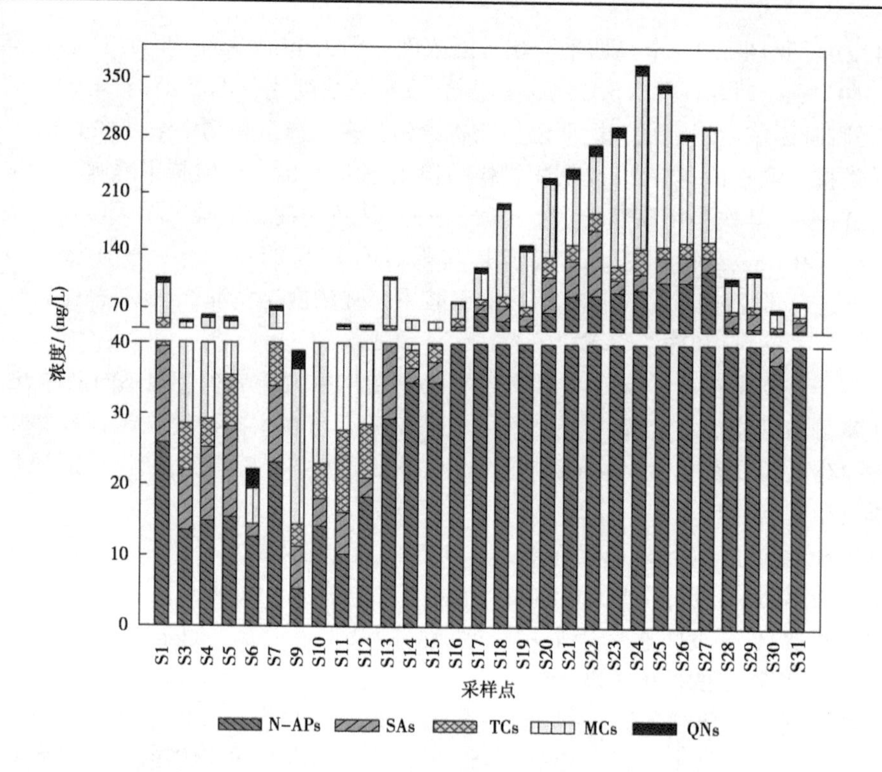

N-APs:非抗生素类药物;SAs:磺胺类抗生素;

TCs:四环素类抗生素;MCs:大环内酯类抗生素;QNs:喹诺酮类抗生素。

图 3.5　白洋淀沉积物孔隙水中 PPCPs 的浓度

PPCPs 在表层水样品中的浓度与沉积物孔隙水中的浓度相近或低于孔隙水中的浓度。咖啡因、磺胺甲恶唑、甲氧苄啶、土霉素、红霉素和氧氟沙星都具有较高的检出率,这几种化合物的检出率均高于 80%,其相应平均浓度分别为 31.7 ng/L、4.44 ng/L、4.13 ng/L、4.19 ng/L、29.9 ng/L 和 5.43 ng/L。在孔隙水中,咖啡因平均浓度最高,为 31.7 ng/L,其次为红霉素,其平均浓度为 29.9 ng/L。根据我们目前掌握的情况,目前,我国对孔隙水中 PPCPs 的报道较少,只有 Xu 等(2014)在太湖水体中对 15 种抗生素和 Cheng 等(2014)在白洋淀对 4 种抗生素进行过相关报道。在本研究中磺胺甲恶唑和甲氧苄啶平均浓度与太湖孔隙水中报道相似。磺胺嘧啶、土霉素、四环素、金霉素和氧氟沙星的浓度都高于太湖中报道的浓度,这几种 PPCPs 在太湖中平均浓度分别为 5.30 ng/L、47.8 ng/L、11.7 ng/L、18.5 ng/L 和 33.6 ng/L。本研究中氧氟沙星浓度与之前报道的白洋淀中浓度相似。土霉素和四环素的平均浓度均低于白洋淀之前的报道浓度,其在之前报道中平均浓度分别为 18.9 ng/L 和 24.5 ng/L。

3.1.3.4　模拟分配系数计算

模拟分配系数(pseudo-partitioning coefficient,P-PC)是为了更好地理解 PPCPs 在固相与水相之间的关系。P-PC 值的计算是用样品沉积物中浓度除以其在水相中浓度。K_{sw} 值(沉积物中 PPCPs 浓度除以表层水中浓度)和 K_{sp} 值(沉积物中 PPCPs 浓度除以孔隙水中浓度)见表 3.3。5 种非抗生素类药物的 P-PC 值为 20~11 061 L/kg,磺胺类抗生素的

P-PC 值为 33~2 950 L/kg，四环素类抗生素 P-PC 值为 95~4 345 L/kg，大环内酯类抗生素 P-PC 值为 91~2 903 L/kg，喹诺酮类抗生素 P-PC 值为 110~780 L/kg。在白洋淀水环境中，磺胺类抗生素 P-PC 值与文献中报道的相似，但是四环素类抗生素和大环内酯类抗生素 P-PC 值比之前的报道低，这可能是由不同研究区域环境基质的理化性质不同造成的。

表 3.3　PPCPs 的模拟分配系数

化合物	K_{sw}/(L/kg)		K_{sp}/(L/kg)		参考文献/(L/kg)
	范围	平均值	范围	平均值	
对乙酰氨基酚 ACE	281~621	345	478~4 245	1 503	
咖啡因 CAF	20~77	42	108~780	351	
地尔硫卓 DTZ	368~2 041	1 035	4 494~6 765	7 800	
卡马西平 CBZ	156~349	205	1 192~11 061	6 349	
氟西汀 FXT	116~325	155	504~1 626	780	
磺胺嘧啶 SDZ	177~639	231	883~1 651	1 310	402
磺胺甲恶唑 SMX	247~639	338	1 292~2 950	1 644	40~11 615
磺胺二甲嘧啶 SMZ	33~583	85	86~1 131	360	280
甲氧苄啶 TMP	104~294	185	651~1 841	915	183~15 720
土霉素 OTC	169~506	229	722~2 528	1 234	231~5 409
四环素 TC	95~285	179	475~2 658	1 219	185~22 933
金霉素 CTC	275~1 926	881	649~4 345	3 300	80~2 765
强力霉素 DOX	139~1 618	288	696~2 386	1 554	1 018
阿奇霉素 AZM	163~581	267	815~2 903	1 526	
红霉素 ERY	91~1 777	141	114~2 221	179	4~16 040
泰乐菌素 TYL	85~686	1 081	1 726~9 026	5 247	91
林可霉素 LIN	20~766	51	101~1 407	273	
氧氟沙星 OFL	110~159	126	591~780	650	310~12 465

K_{sw} 值比 K_{sp} 值小，说明沉积物孔隙水中 PPCPs 浓度低于表层水中浓度，有持续 PPCPs 汇入白洋淀表层水中。K_{sp} 值比 K_{sw} 值更能反映水环境中 PPCPs 的吸附行为，因为

沉积物与孔隙水比表层水联系更为紧密,并且 K_{sp} 值波动更小。将本研究中 K_{sp} 值与 K_{sw} 值比较发现,沉积物的理化性质不同,PPCPs 在不同沉积物及水相中的分配系数不同。所以这种方法比通过 $\lg K_{ow}$ 值或 K_{oc} 值来预测 PPCPs 的吸附作用更科学合理。本研究中使用 P-PC 值是一个综合的分配机制来解释湖泊沉积物中 PPCPs 的吸附行为。一些带电的或者两性分子显示出对矿物质表面具有更强的吸附性,而在有机质表面上的吸附性较弱。

3.1.3.5 白洋淀表层水中 PPCPs 化合物之间相关关系

利用 SPSS Statistics 软件对白洋淀 31 个采样点表层水中 PPCPs 做 Pearson 相关性分析,得到各个化合物相关系数矩阵,结果见表 3.4。结果表明,多种目标 PPCPs 在表层水中的浓度具有显著相关性($P<0.05$),各个化合物之间可能存在相似污染源;地尔硫卓、金霉素、强力霉素和甲氧苄啶与其他化合物不存在显著相关性,表明其可能与其他化合物有不同污染源。

3.1.3.6 生态风险评价

在本研究中,采用白洋淀、白沟引河、瀑河、府河、孝义河和唐河样品(白洋淀湖区采集 16 个样品,府河和孝义河各采集 4 个样品,白沟引河和瀑河各采集 3 个样品,唐河采集 1 个样品)中检测出的 PPCPs 的上四分位浓度作为最大检出浓度。PPCPs 风险商值(RQ)见表 3.5。本研究中,在白洋淀湖区和上游河流中,大部分 PPCPs 的 RQ 都低于 0.01,显示出 PPCPs 对白洋淀大部分区域无潜在风险。但是,在瀑河和府河表层水中,阿奇霉素显示出中等风险。在白洋淀湖区与白沟引河表层水中,泰乐菌素显示出低风险。氧氟沙星在白沟引河、瀑河与府河中显示出中等风险,但是其在白洋淀湖区、唐河与孝义河中显示出低风险。Li 等(2015)研究了北京城区表层水中氧氟沙星的潜在风险,北京城区表层水中氧氟沙星的风险商值为 47.14,大约是本研究任何水体单元表层水中风险商值的 400 倍。白沟引河、瀑河、府河与唐河中红霉素的风险商值都大于 1,显示其具有高风险。Wu 等(2014)研究了长江水体中红霉素的风险情况,得出长江表层水中红霉素风险商值为 20.20,大约是本研究水体单元表层水中红霉素风险商值的 10 倍。氧氟沙星与红霉素在表层水中的风险商值比其他 PPCPs 高,主要是由于其较高的检出浓度与较低的 PNCE 值。

表层水中 PPCPs 浓度受采样时间的影响,不同季节采样可能会出现不同的风险商值。许多研究报道,枯水期 PPCPs 浓度高于丰水期 PPCPs 浓度。在本研究中,样品采集于春季,属于枯水期,许多 PPCPs 存在的潜在风险可能显示出比其他季节高。

在本研究中,应用 RQ 风险商值模型,计算出 PPCPs 对底栖生物的风险商值, PPCPs 风险商值见表 3.6。在白洋淀湖区沉积物中,对乙酰氨基酚、磺胺嘧啶、甲氧苄啶、红霉素和泰乐菌素的风险商值分别为 3.20、1.67、2.83、1.10、16.37,对白洋淀底栖生物具有高风险;咖啡因、地尔硫卓、磺胺甲恶唑、磺胺二甲嘧啶、土霉素、四环素、金霉素、强力霉素、阿奇霉素、林可霉素、氧氟沙星的风险商值分别为 0.70、0.15、0.48、0.40、0.30、0.17、0.36、0.27、0.98、0.44 和 0.20,对白洋淀底栖生物具有中等风险;卡马西平和氟西汀的风险商值分别为 0.04 和 0.02,对白洋淀底栖生物具有低风险。在白沟引河沉积物中,对乙酰氨基酚、咖啡因、磺胺甲恶唑、甲氧苄啶、阿奇霉素、红霉素和泰乐菌素的风险商值分别

表3.4　白洋淀表层水中PPCPs浓度之间相关关系

化合物	ACE	CAF	DTZ	CBZ	FXT	SDZ	SMX	SMZ	OTC	TC	CTC	AZM	DOX	ERY	TYL	OFL	LIN	TMP
对乙酰氨基酚 ACE	1	0.682**	0.593**	0.604**	0.640**	0.542**	0.589**	0.400*	0.409*	0.585**	-0.227	0.414*	0.197	0.389*	0.358*	0.591**	0.653**	0.333
咖啡因 CAF		1	0.418*	0.783**	0.795**	0.602**	0.559**	0.452*	0.477**	0.637**	-0.225	0.647**	0.489**	0.695**	0.272	0.719**	0.843**	0.304
地尔硫卓 DTZ			1	0.333	0.366*	0.2	0.503**	0.017	0.252	0.296	-0.391*	0.281	-0.064	0.206	-0.024	0.392*	0.217	0.294
卡马西平 CBZ				1	0.990**	0.824**	0.521**	0.741**	0.559**	0.555**	-0.128	0.548**	0.335	0.711**	0.600**	0.688**	0.850**	0.283
氟西汀 FXT					1	0.826**	0.553**	0.739**	0.591**	0.586**	-0.091	0.564**	0.341	0.708**	0.604**	0.700**	0.850**	0.28
磺胺嘧啶 SDZ						1	0.556**	0.859**	0.638**	0.565**	-0.103	0.313	0.376*	0.590**	0.531**	0.704**	0.654**	0.283
磺胺甲恶唑 SMX							1	0.369*	0.35	0.526**	-0.09	0.213	0.123	0.460**	0.273	0.524**	0.433*	0.156
磺胺二甲嘧啶 SMZ								1	0.621**	0.471**	-0.133	0.229	0.293	0.471**	0.585**	0.644**	0.567**	0.376*
甲氧苄啶 OTC									1	0.434*	0.111	0.29	0.075	0.622**	0.346	0.814**	0.395*	0.467**
土霉素 TC										1	0.058	0.517**	0.472**	0.605**	0.361*	0.637**	0.642**	0.181
四环素 CTC											1	-0.091	0.192	0.23	0.015	-0.18	-0.118	-0.175
金霉素 AZM												1	0.485**	0.576**	0.076	0.587**	0.661**	0.204
强力霉素 DOX													1	0.512**	-0.13	0.317	0.526**	0.053
阿奇霉素 ERY														1	0.261	0.679**	0.698**	0.376*
红霉素 TYL															1	0.302	0.489**	-0.043
泰乐菌素 OFL																1	0.612**	0.484**
林可霉素 LIN																	1	0.234
氧氟沙星 TMP																		1

注：** 表示在0.01水平（双侧）上显著相关；* 表示在0.05水平（双侧）上显著相关。

表 3.5　白洋淀表层水中 PPCPs 存在的潜在风险

化合物	PNEC /(μg/L)	最大检出浓度 /(ng/L)						风险商值(RQ)					
		白洋淀	白沟引河	瀑河	府河	唐河	孝义河	白洋淀	白沟引河	瀑河	府河	唐河	孝义河
对乙酰氨基酚 ACE	9.2	31.5	56.7	67.2	72.0	40.5	55.1	3.42×10^{-3}	6.16×10^{-3}	7.31×10^{-3}	7.82×10^{-3}	4.40×10^{-3}	5.98×10^{-3}
咖啡因 CAF	69	354.5	455.5	531.9	762.8	557.2	248.2	0.005	7.0×10^{-3}	8.0×10^{-3}	0.011	8.0×10^{-3}	4.0×10^{-3}
地尔硫卓 DTZ	8.2	10.7	13.9	5.47	10.6	1.89	9.56	1.31×10^{-3}	1.69×10^{-3}	6.67×10^{-4}	1.29×10^{-3}	2.30×10^{-4}	1.17×10^{-3}
卡马西平 CBZ	31.6	77.5	103.6	202.2	271	120.6	36.9	2.0×10^{-3}	3.0×10^{-3}	6.0×10^{-3}	9.0×10^{-3}	4.0×10^{-3}	1.0×10^{-3}
氟西汀 FXT	41	38.7	51.8	101.1	135.5	60.3	18.5	9.45×10^{-4}	1.26×10^{-3}	2.0×10^{-3}	3.0×10^{-3}	1.47×10^{-3}	4.50×10^{-4}
磺胺嘧啶 SDZ	10	18.7	6.51	25.0	33.0	12.8	10.5	2.0×10^{-3}	6.51×10^{-4}	2.0×10^{-3}	3.0×10^{-3}	1.28×10^{-3}	1.05×10^{-3}
磺胺甲恶唑 SMX	20	27.6	55.0	37.7	53.7	25.5	37.1	1.0×10^{-3}	3.0×10^{-3}	2.0×10^{-3}	3.0×10^{-3}	1.0×10^{-3}	2.0×10^{-3}
磺胺二甲嘧啶 SMZ	15.63	28.2	4.37	151.7	68.0	32.0	26.4	2.0×10^{-3}	2.80×10^{-4}	0.010	4.0×10^{-3}	2.0×10^{-3}	2.0×10^{-3}
甲氧苄啶 TMP	1	54.4	39.9	37.5	30.5	13.1	18.3	0.054	0.040	0.038	0.031	0.013	0.018
土霉素 OTC	2	57.5	37.6	57.0	36.9	7.56	20.6	0.029	0.019	0.029	0.018	4.0×10^{-3}	0.010
四环素 TC	3 400	33.8	19.7	42.6	57.6	24.1	34.0	9.94×10^{-6}	5.79×10^{-6}	1.25×10^{-5}	1.7×10^{-5}	7.08×10^{-6}	9.99×10^{-6}
金霉素 CTC	5	15.0	6.01	5.75	4.75	10.4	4.16	3.0×10^{-3}	1.20×10^{-3}	1.15×10^{-3}	9.5×10^{-4}	2.0×10^{-3}	8.32×10^{-4}
强力霉素 DOX	430	22.1	5.39	33.3	74.8	68.7	15.5	5.13×10^{-5}	1.25×10^{-5}	7.73×10^{-5}	1.74×10^{-4}	1.6×10^{-4}	3.60×10^{-5}
阿奇霉素 AZM	0.454	72.7	36.6	74.6	215.1	52.7	37.7	0.160	0.081	0.164	0.474	0.116	0.083
红霉素 ERY	0.04	107.3	83.7	73.5	93.6	83.6	9.55	2.682	2.092	1.837	2.340	2.090	0.239
泰乐菌素 TYL	0.34	20.5	2.52	24.2	22.9	0	0	0.060	7.0×10^{-3}	0.071	0.067	0	0
林可霉素 LIN	13.98	77.9	57.6	382.0	407.1	388.6	26.3	6.0×10^{-3}	4.0×10^{-3}	0.027	0.029	0.028	2.0×10^{-3}
氧氟沙星 OFL	100	56.5	36.3	64.7	58.0	13.9	36.9	5.65×10^{-4}	3.63×10^{-4}	6.47×10^{-4}	5.8×10^{-4}	1.39×10^{-4}	3.69×10^{-4}

表3.6 白洋淀沉积物中PPCPs存在的潜在风险

化合物	PNEC /(ng/g)	最大检出浓度/(ng/g)						风险商值(RQ)					
		白洋淀	白沟引河	瀑河	府河	唐河	孝义河	白洋淀	白沟引河	瀑河	府河	唐河	孝义河
对乙酰氨基酚 ACE	4.002	12.8	22.2	21.4	24.0	14.8	19.0	3.20	5.55	5.35	5.99	3.70	4.75
咖啡因 CAF	17.5	12.2	19.2	21.9	30.5	20.3	11.9	0.70	1.10	1.25	1.74	1.16	0.68
地尔硫卓 DTZ	73.8	10.8	15.3	6.14	11.6	2.08	7.68	0.15	0.21	0.08	0.16	0.03	0.10
卡马西平 CBZ	257.3	10.6	20.7	42.4	54.2	26.1	6.94	0.04	0.08	0.16	0.21	0.10	0.03
氟西汀 FXT	249.4	5.23	6.29	16.2	13.7	9.64	4.15	0.02	0.03	0.06	0.05	0.04	0.02
磺胺嘧啶 SDZ	1.98	3.3	1.62	7.6	4.71	3.93	3.3	1.67	0.82	3.84	2.38	1.98	1.67
磺胺甲恶唑 SMX	15.9	7.59	18.8	10.8	15.9	10.5	12.5	0.48	1.18	0.68	1.00	0.66	0.79
磺胺二甲嘧啶 SMZ	5.11	2.03	1.53	5.49	8.17	3.84	2.09	0.40	0.30	1.07	1.60	0.75	0.41
甲氧苄啶 TMP	2.145	6.06	7.26	6.83	5.55	2.58	3.33	2.83	3.38	3.18	2.59	1.20	1.55
土霉素 OTC	20.46	6.17	9.01	13.7	8.06	1.81	5.15	0.30	0.44	0.67	0.39	0.09	0.25
四环素 TC	18.53	3.17	5.14	6.07	10.37	2.33	3.98	0.17	0.28	0.33	0.56	0.13	0.21
金霉素 CTC	27.84	9.94	6.08	7.71	2.51	2.86	3.95	0.36	0.22	0.28	0.09	0.10	0.14
强力霉素 DOX	16.62	4.52	5.54	11.1	11.6	9.57	5.16	0.27	0.33	0.67	0.70	0.58	0.31
阿奇霉素 AZM	10.8	10.6	12.8	26.1	37.7	18.4	13.2	0.98	1.18	2.42	3.49	1.71	1.22
红霉素 ERY	5.83	6.44	15.5	10.8	10.7	8.45	8.63	1.10	2.65	1.84	1.84	1.45	1.48
泰乐菌素 TYL	0.795 6	13.0	3.02	29.1	22.4	0	0	16.37	3.80	36.56	28.18	0	0
林可霉素 LIN	17.325	7.59	7.52	10.7	13.2	15.7	3.66	0.44	0.43	0.61	0.76	0.91	0.21
氧氟沙星 OFL	20.56	4.09	4.71	8.4	7.54	2.2	7.59	0.20	0.23	0.41	0.37	0.11	0.37

为 5.55、1.10、1.18、3.38、1.18、2.65 和 3.80，对白沟引河底栖生物具有高风险；地尔硫卓、磺胺嘧啶、磺胺二甲嘧啶、土霉素、四环素、金霉素、强力霉素、林可霉素和氧氟沙星的风险商值分别为 0.21、0.82、0.30、0.44、0.28、0.22、0.33、0.43 和 0.23，对白沟引河底栖生物具有中等风险；卡马西平和氟西汀对底栖生物的风险商值分别为 0.08 和 0.03，对底栖生物具有低风险。在瀑河沉积物中，对乙酰氨基酚、咖啡因、磺胺嘧啶、磺胺二甲嘧啶、甲氧苄啶、阿奇霉素、红霉素和泰乐菌素的风险商值分别为 5.35、1.25、3.84、1.07、3.18、2.42、1.84 和 36.56，对瀑河底栖生物具有高风险；卡马西平、磺胺甲恶唑、土霉素、四环素、金霉素、强力霉素、林可霉素和氧氟沙星的风险商值分别为 0.16、0.68、0.67、0.33、0.28、0.67、0.61 和 0.41，对瀑河底栖生物具有中等风险；地尔硫卓和氟西汀对底栖生物的风险商值分别为 0.08 和 0.06，对瀑河底栖生物具有低风险。在府河沉积物中，对乙酰氨基酚、咖啡因、磺胺嘧啶、磺胺甲恶唑、磺胺二甲嘧啶、甲氧苄啶、阿奇霉素、红霉素和泰乐菌素的风险商值分别为 5.99、1.74、2.38、1.00、1.60、2.59、3.49、1.84 和 28.18，对府河底栖生物具有高风险；地尔硫卓、卡马西平、土霉素、四环素、强力霉素、林可霉素和氧氟沙星对底栖生物的风险商值分别为 0.16、0.21、0.39、0.56、0.70、0.76 和 0.37，对府河底栖生物具有中等风险；氟西汀和金霉素对沉积物的风险商值分别为 0.05 和 0.09，对府河底栖生物具有低风险。在唐河沉积物中，对乙酰氨基酚、咖啡因、磺胺嘧啶、甲氧苄啶、阿奇霉素、红霉素和泰乐菌素的风险商值分别为 3.70、1.16、1.98、1.20、1.71 和 1.45，对唐河底栖生物具有高风险；卡马西平、磺胺甲恶唑、磺胺二甲嘧啶、四环素、金霉素、强力霉素、林可霉素和氧氟沙星的风险商值分别为 0.10、0.66、0.75、0.13、0.10、0.58、0.91 和 0.11，对唐河底栖微生物具有中等风险；地尔硫卓、氟西汀、土霉素和泰乐菌素的风险商值分别为 0.03、0.04、0.09 和 0，对唐河底栖生物具有低风险。在孝义河沉积物中，对乙酰氨基酚、磺胺嘧啶、甲氧苄啶、阿奇霉素和红霉素的风险商值分别为 4.75、1.67、1.55、1.22 和 1.48，对孝义河底栖生物具有高风险；咖啡因、地尔硫卓、磺胺甲恶唑、磺胺二甲嘧啶、土霉素、四环素、金霉素、强力霉素、林可霉素和氧氟沙星的风险商值分别为 0.68、0.10、0.79、0.41、0.25、0.21、0.14、0.31、0.21 和 0.37，对孝义河底栖生物具有中等风险；卡马西平、氟西汀和泰乐菌素的风险商值分别为 0.03、0.02 和 0，对孝义河底栖生物具有低风险。

3.2 官厅水库水环境中 PPCPs 分布状况与潜在风险

官厅水库位于河北省张家口市怀来县和北京市延庆区境内，是新中国成立后建设的第一座大型水库，其主要接纳水源为永定河上游来水；官厅水库曾经是北京市主要的供水水源地之一。在 20 世纪 80 年代后期，官厅水库库区受到了严重污染，并于 1997 年被迫退出城市生活饮用水体系。近些年来，由于我国环境保护力度的加大，官厅水库的水质状况趋于好转，有可能再次进入城市生活饮用水备用水源地体系。官厅水库作为永定河历史上最悠久的大型水库，同时也是京津冀一体化战略实施区域的重要水体，其水质状况必将成为区域环境保护和治理重点。虽然有关官厅水库表层水及沉积物中污染物的相关报道较多，但是有关 PPCPs 方面的研究还是空白。

3.2.1 研究目的

本研究以官厅水库及其上游河流为重点,全面揭示官厅水库及上游水环境中 PPCPs 的赋存状况及环境行为,并对 PPCPs 在官厅水库水环境中的潜在风险进行评价,为我国环境决策部门提供数据支撑。

3.2.2 样品采集

2017 年 8 月在官厅水库及其上游河流采集表层水样及沉积物样品,采样点位信息见图 3.6 及表 3.7。共采集 28 个表层水样品(L01—L14 采集于官厅水库,R01 采集于妫水河,R02、R03 采集于永定河,R04、R05 采集于桑干河,R06—R12 采集于洋河,R10 采集于清河,R13 采集于南洋河,R14 采集于东洋河)和 23 个沉积物样品(L05、R05、R09、R12 及 R14 等采样点没有采集到沉积物样品)。所有样品在采集之后保存在 4 ℃环境中,并尽快运回实验室进行处理。表层水样用不锈钢采水器采集,采水器在样品采集之前先用超纯水清洗 3 遍,采样时再用采样区水样润洗 3 次。水样采集后保存在 4 ℃环境中,在 3 d 之内完成水样品的富集。沉积物样品用采泥器采集,运回实验室后进行冷冻干燥、研磨,过 200 目筛,在进行萃取之前保存于-20 ℃冰箱中。

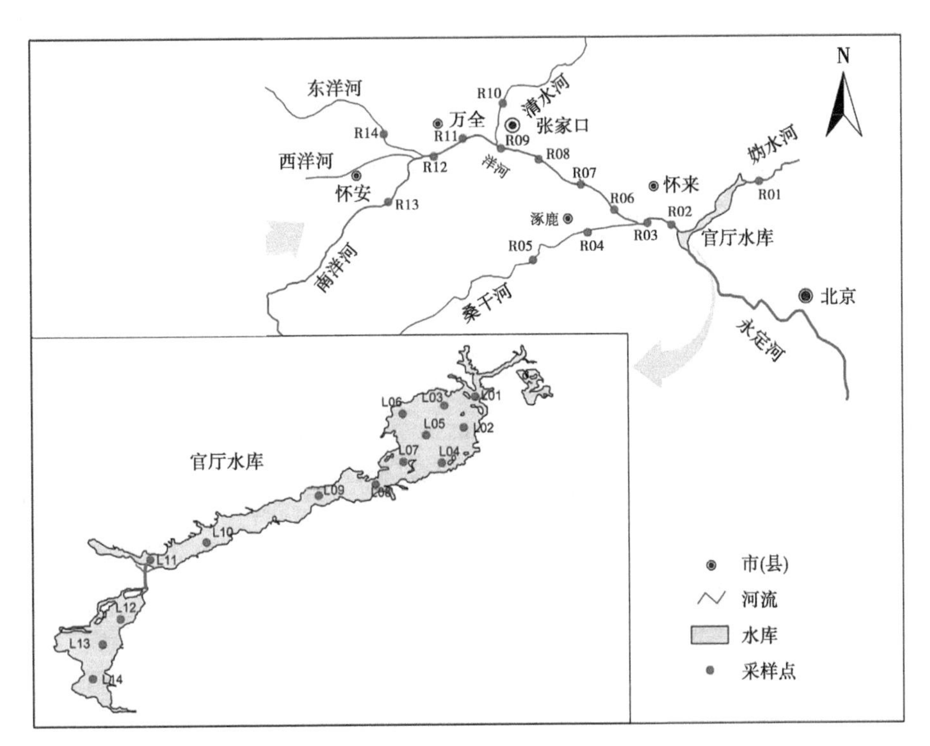

图 3.6 官厅水库及其上游河流中采样点示意图

表 3.7 官厅水库及其上游河流采样点信息

样点	经纬度	采样日期	采样点位置
L01	115°46′36.84″E 40°22′16.75″N	2017 年 8 月 1 日	官厅水库
L02	115°45′43.56″E 40°21′43.34″N	2017 年 8 月 1 日	官厅水库
L03	115°45′48.24″E 40°21′38.59″N	2017 年 8 月 1 日	官厅水库
L04	115°45′54.72″E 40°21′27.07″N	2017 年 8 月 1 日	官厅水库
L05	115°44′30.12″E 40°20′52.26″N	2017 年 8 月 1 日	官厅水库
L06	115°44′13.56″E 40°21′5.04″N	2017 年 8 月 1 日	官厅水库
L07	115°43′54.48″E 40°21′13.32″N	2017 年 8 月 1 日	官厅水库
L08	115°43′11.99″E 40°20′55.79″N	2017 年 8 月 1 日	官厅水库
L09	115°41′25.08″E 40°20′20.04″N	2017 年 8 月 1 日	官厅水库
L10	115°37′35.40″E 40°18′25.67″N	2017 年 8 月 1 日	官厅水库
L11	115°37′9.12″E 40°17′29.08″N	2017 年 8 月 1 日	官厅水库
L12	115°36′59.04″E 40°16′56.28″N	2017 年 8 月 1 日	官厅水库
L13	115°36′26.48″E 40°16′18.34″N	2017 年 8 月 1 日	官厅水库
L14	115°36′9.72″E 40°14′7.80″N	2017 年 8 月 1 日	官厅水库
R01	115°52′28.20″E 40°26′47.87″N	2017 年 8 月 1 日	妫水河
R02	114°30′20.52″E 40°37′1.24″N	2017 年 8 月 2 日	永定河
R03	115°28′1.20″E 40°21′25.13″N	2017 年 8 月 2 日	永定河
R04	115°21′18.72″E 40°21′15.70″N	2017 年 8 月 2 日	桑干河
R05	115°12′40.32″E 40°21′30.96″N	2017 年 8 月 2 日	桑干河
R06	115°18′20.88″E 40°24′52.34″N	2017 年 8 月 2 日	洋河
R07	115°7′9.84″E 40°31′4.30″N	2017 年 8 月 2 日	洋河
R08	114°58′19.91″E 40°37′10.49″N	2017 年 8 月 2 日	洋河
R09	114°49′3.36″E 40°40′49.66″N	2017 年 8 月 2 日	洋河
R10	114°50′25.44″E 40°42′47.27″N	2017 年 8 月 3 日	清河
R11	114°45′38.16″E 40°42′55.44″N	2017 年 8 月 3 日	洋河
R12	114°30′20.52″E 40°40′29.14″N	2017 年 8 月 3 日	洋河
R13	114°25′39.36″E 40°37′12.36″N	2017 年 8 月 3 日	南洋河
R14	114°28′33.96″E 40°41′3.48″N	2017 年 8 月 3 日	东洋河

3.2.3 结果与讨论

3.2.3.1 PPCPs 含量

官厅水库及其上游河流表层水中 PPCPs 含量见表 3.8。本书选取的 PPCPs 在官厅水库及其上游河流所有采样点表层水中都有检出。在官厅水库表层水中,对乙酰氨基酚、咖啡因、金霉素和氧氟沙星在所有采样点中都有检出。除了氟西汀(28.6%)和泰乐菌素

(14.3%),其余 PPCPs 的检出率为 50%~100%。在官厅水库表层水中,咖啡因的平均检出含量最高,为 208 ng/L;对乙酰氨基酚的平均含量仅次于咖啡因,为 155 ng/L;氟西汀和泰乐菌素平均含量最低,分别为 0.69 ng/L 和 0.21 ng/L,并且这两种化合物的检出率在所有 PPCPs 化合物中检出率也最低。在官厅水库上游河流表层水中,对乙酰氨基酚、咖啡因、地尔硫卓、土霉素、金霉素和氧氟沙星在所有样品中检出率都为 100%,除了卡马西平(42.9%)和泰乐菌素(0),其余化合物的检出率也都大于 71%。咖啡因在官厅水库上游河流表层水中的含量最高,其平均含量为 338 ng/L;对乙酰氨基酚的含量仅次于咖啡因,其平均含量为 302 ng/L。卡马西平和泰乐菌素的检出率较低,其中卡马西平检出率为 42.9%,泰乐菌素在所有的采样点均未检出。其余 13 种 PPCPs 检出率为 71.4%~100%,且其平均含量为 2.32~32.1 ng/L。

从各化合物在官厅水库及其上游河流表层水中的分布状况看,5 种非抗生素类药物(对乙酰氨基酚、咖啡因、地尔硫卓、卡马西平、氟西汀)为官厅水库及其上游河流表层水中的优势污染物,如图 3.7 所示。在官厅水库表层水中,5 种非抗生素类药物含量占总含量的 74.2%;在官厅水库上游河流表层水中,5 种非抗生素类药物含量占总含量的 79.4%。因为这 5 种非抗生素类药物广泛地应用于人类疾病治疗,所以这 5 种非抗生素类药物在官厅水库流域广泛使用,其在官厅水库及其上游河流中被广泛地检出。因为咖啡因和对乙酰氨基酚在官厅水库及其上游区域的使用量非常大,所以咖啡因和对乙酰氨基酚在本研究区含量最高,其在环境中的赋存状况应当引起人们的重视。在官厅水库表层水中,咖啡因平均检出浓度为 208 ng/L,最高浓度为 620 ng/L;在其上游河流表层水中,其平均检出浓度为 338 ng/L,最高浓度为 708 ng/L。在官厅水库表层水中,对乙酰氨基酚平均检出浓度为 155 ng/L,在其上游河流表层水中,对乙酰氨基酚的平均检出浓度为 302 ng/L。咖啡因使用量非常大, 许多商品中都含有咖啡因成分, 如咖啡、茶、功能型饮料、

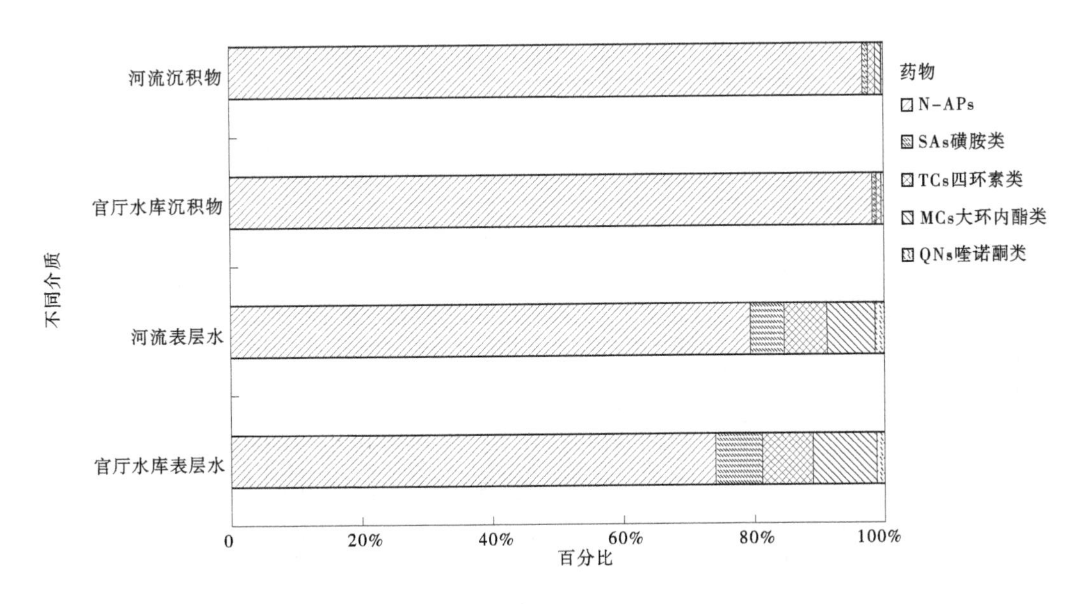

图 3.7　官厅水库及其上游河流表层水及沉积物中 PPCPs 的组成

表 3.8　官厅水库及其上游河流水体及沉积物中 PPCPs 的浓度

化合物	官厅水库								官厅水库上游河流							
	表层水样（$n=14$）/(ng/L)				沉积物（$n=13$）/(ng/g)				表层水样($n=14$)/(ng/L)				沉积物（$n=10$）/(ng/g)			
	最大值	最小值	平均值	检出率(%)	最大值	最小值	平均值	检出率(%)	最大值	最小值	平均值	检出率(%)	最大值	最小值	平均值	检出率(%)
对乙酰氨基酚 ACE	507.00	28.60	155.00	100.00	643.00	314.00	529.00	100.00	902.00	86.60	302.00	100.00	437.00	24.80	202.00	100.00
咖啡因 CAF	620.00	31.50	208.00	100.00	8 432.00	134.00	1 430.00	100.00	708.00	131.00	338.00	100.00	2 208.00	89.90	1 020	100.00
地尔硫卓 DTZ	17.40	N.D.	8.85	85.70	15.70	N.D.	5.70	84.60	8.64	3.38	6.39	100.00	15.60	N.D.	8.90	90.00
卡马西平 CBZ	5.90	N.D.	2.60	78.60	6.70	N.D.	3.40	76.90	11.50	N.D.	3.34	42.90	11.60	2.12	6.73	100.00
氟西汀 FXT	3.40	N.D.	0.69	28.60	3.21	N.D.	0.51	23.10	4.45	N.D.	2.32	71.40	6.85	N.D.	3.83	80.00
磺胺嘧啶 SDZ	23.50	N.D.	6.80	85.70	4.56	N.D.	1.18	61.50	20.60	N.D.	9.05	78.60	7.08	N.D.	3.38	80.00
磺胺甲恶唑 SMX	44.40	N.D.	15.00	71.40	24.60	N.D.	9.93	76.90	42.60	N.D.	17.20	85.70	6.21	N.D.	2.37	50.00
磺胺二甲嘧啶 SMZ	25.70	N.D.	6.70	69.00	4.38	N.D.	1.14	61.50	14.10	N.D.	4.61	71.40	8.17	N.D.	3.40	70.00
甲氧苄啶 TMP	15.30	N.D.	7.52	78.60	3.65	N.D.	0.81	38.50	20.20	N.D.	10.80	85.70	6.06	N.D.	2.98	70.00
土霉素 OTC	30.50	N.D.	15.20	92.90	5.33	N.D.	1.67	69.20	36.30	12.40	27.10	100.00	5.08	N.D.	2.25	60.00
四环素 TC	14.70	N.D.	6.39	71.40	8.27	N.D.	3.28	92.30	18.90	N.D.	9.60	85.70	13.90	2.95	4.28	100.00
金霉素 CTC	15.40	8.40	10.30	100.00	5.22	N.D.	3.04	76.90	19.70	8.81	11.80	100.00	7.78	2.09	4.41	100.00
强力霉素 DOX	10.10	N.D.	5.19	57.10	13.10	N.D.	5.06	61.50	12.80	N.D.	6.86	71.40	6.08	N.D.	3.02	80.00
阿奇霉素 AZM	16.70	N.D.	9.55	85.70	8.15	N.D.	4.33	76.90	25.70	N.D.	13.90	78.60	7.55	N.D.	4.44	90.00
红霉素 ERY	27.60	N.D.	11.60	85.70	5.97	N.D.	2.17	69.20	63.70	N.D.	32.10	92.90	4.88	N.D.	1.82	50.00
泰乐菌素 TYL	1.49	N.D.	0.21	14.30	2.54	N.D.	0.64	53.90	N.D.	N.D.	N.D.	0.0	9.85	N.D.	2.56	30.00
林可霉素 LIN	40.50	N.D.	23.50	92.90	3.56	N.D.	0.89	61.50	59.20	N.D.	11.70	71.40	7.59	N.D.	2.06	50.00
氧氟沙星 OFL	26.40	2.10	13.80	100.00	8.18	1.91	3.47	100.00	36.70	6.02	15.20	100.00	11.00	N.D.	4.27	70.00

注:N.D. 低于检出限。

巧克力、止痛药等。咖啡因在世界各个地区环境中都有非常高的检出率,其可以看作是水环境中PPCPs人为污染排放的一个指示物。咖啡因在官厅水库及其上游河流中有很高的检出率,说明本区域水环境中有人为污染源汇入,如污水处理厂出水汇入或者未处理的生活污水直接排放入水环境中,同时也说明,含咖啡因类的商品在此区域的消费量较大。在我国,含咖啡因化合物的茶及功能型饮料消费量最大。对乙酰氨基酚是一种退热剂和止痛剂,主要用于治疗流行性感冒,其在整个世界范围内的使用都非常广泛。在英国,对乙酰氨基酚被列为三大处方药之首;在美国,对乙酰氨基酚也被列为200种最常用的处方药之一。全球每年对乙酰氨基酚的生产量大约为20万t,我国是世界上第二大对乙酰氨基酚的生产国,在我国,对乙酰氨基酚也是治疗感冒发热的首选药物。根据已有研究报道,对乙酰氨基酚在人类治疗感冒发热时,其不能完全被人体所吸收,有58%~68%的剂量是通过人体代谢直接排出体外或以代谢物的形式进入环境中。

磺胺嘧啶、磺胺甲恶唑和甲氧苄啶(甲氧苄啶属于磺胺增效药,其常和磺胺类药物联合使用,在本研究中将其和磺胺类药物归为一类)是最常用的人用磺胺类抗生素,磺胺二甲嘧啶是广泛使用的兽用磺胺类抗生素。在本书中,4种磺胺类抗生素的检出率为69%~71%。在官厅水库表层水样中,磺胺嘧啶检出率最高,为85.7%,其次是甲氧苄啶、磺胺甲恶唑和磺胺二甲嘧啶;在官厅水库上游河流中,磺胺甲恶唑和甲氧苄啶的检出率最高,为85.7%,其次是磺胺嘧啶和磺胺二甲嘧啶。在官厅水库及其上游河流表层水样中,磺胺甲恶唑平均检出浓度均最高,分别为15.0 ng/L和17.2 ng/L。与以往研究报道相比较,官厅水库及其上游河流中磺胺类抗生素相较于其他地区具有较高的检出率,但是在本研究区域表层水样中,磺胺类抗生素的平均含量不是很高。与以往研究报道相比,本研究中磺胺类抗生素处于中等污染水平。官厅水库及其上游河流表层水样中,磺胺甲恶唑平均含量远低于上海黄浦江中的含量(260 ng/L);也低于太湖表层水样中含量(官厅水库48.4 ng/L);也低于法国塞纳河中平均含量(40 ng/L)。然而,在官厅水库及其上游河流中磺胺甲恶唑含量比中国珠江流域稍高或与其相当,从有关报道可知,珠江表层水中,磺胺甲恶唑平均含量为4.65 ng/L(枯水期),在丰水期的含量与本研究含量相当,为12.4 ng/L。在中国东江表层水样中,磺胺甲恶唑平均含量与本研究区含量相当,为14.9 ng/L。

土霉素、四环素和强力霉素都是人或动物广泛使用的抗生素,金霉素是常用于人类的抗生素。在本研究中,4种四环素类抗生素(土霉素、四环素、金霉素和强力霉素)的检出率均大于50%。金霉素在官厅水库各个采样点表层水样中都有检出,土霉素、四环素与强力霉素的检出率分别为92.9%、71.4%与57.1%。在官厅水库表层水样中,土霉素的平均检出浓度最高,为15.2 ng/L,并且其检出率也较高。强力霉素和四环素的平均检出浓度较低,分别为5.19 ng/L与6.39 ng/L。与已有研究报道相比,在官厅水库表层水样中的四环素类抗生素,尤其是土霉素和金霉素具有较高的检出率,然而,四环素的检出率并不是很高。在官厅水库表层水样中,土霉素检出浓度比已有报道的中国黄浦江低,在黄浦江表层水样中,土霉素平均浓度为78.3 ng/L,也比中国太湖表层水样中平均浓度低,太湖表层水样中,土霉素平均浓度为44.2 ng/L。然而在官厅水库及其上游河流表层水样中,金霉素平均浓度与中国黄浦江平均浓度相似,分别为4.20 ng/L和7.37 ng/L。

阿奇霉素和红霉素主要用于人类疾病治疗,泰乐菌素和林可霉素主要用于动物疾病的治疗。这4种大环内酯类抗生素(阿奇霉素、红霉素、泰乐菌素和林可霉素)具有较高的检出率,除了泰乐菌素检出率较低(14.3%),其余3种大环内酯类抗生素的检出率均大于85%。林可霉素检出率最高,为92.9%,阿奇霉素和红霉素检出率都为85.7%。林可霉素的平均检出含量最高,为23.5 ng/L,泰乐菌素平均检出含量最低,为0.21 ng/L。在官厅水库上游河流表层水样中,4种抗生素中有3种检出率大于70%,只有泰乐菌素在所有表层水样中未检出;红霉素具有较高检出率,为92.9%;阿奇霉素检出率为78.6%,林可霉素检出率为71.4%;4种大环内酯类抗生素中,红霉素平均检出浓度最高,为32.1 ng/L;泰乐菌素在官厅水库上游河流的14个表层水样中均未检出。与已有研究报道相比较,在大环内酯类抗生素中,红霉素的检出率一般都比较高,然而在本研究中,虽然在官厅水库及其上游河流中,红霉素的平均含量不是很高,但是其具有较高检出率,与已有研究报道相似。在本研究中,大环内酯抗生素平均浓度与以往的研究报道相比处于中等污染水平。官厅水库及其上游河流中红霉素的平均浓度比中国长江与太湖表层水样中平均浓度低,分别为296 ng/L和109.1 ng/L。然而,官厅水库及其上游河流表层水体中红霉素含量比英国塔夫河表层水样高,平均含量为4.0 ng/L和9.0~12.0 ng/L。在官厅水库及其上游河流表层水中红霉素的含量与中国鄱阳湖与太湖平均含量相似,其平均浓度分别为1.10 ng/L和8.40 ng/L;并且官厅水库及其上游河流表层水中红霉素含量与中国珠江丰水期表层水样、巢湖和白洋淀表层水样中平均含量相似,其平均浓度分别为29.9 ng/L、20.7 ng/L和19.5 ng/L。

喹诺酮类抗生素的使用非常广泛,其主要应用于人类或者是动物疾病的治疗。氧氟沙星是本研究中选取的唯一一种喹诺酮类抗生素,其在官厅水库及其上游河流中的检出率为100%,其在官厅水库及其上游河流表层水样中的平均浓度分别为13.8 ng/L和15.2 ng/L。与以往研究相比,官厅水库及其上游河流表层水中氧氟沙星的平均浓度不是很高。官厅水库及其上游河流表层水中氧氟沙星平均浓度比中国钱塘江(60~85 ng/L)、太湖(32.2 ng/L)、天津独流减河(49.2~89.4 ng/L)和法国塞纳河(30.0 ng/L)表层水中低。然而,官厅水库及其上游河流表层水中氧氟沙星的平均浓度比中国珠江流域(枯水期为6.16 ng/L,丰水期为7.10 ng/L)表层水中高,说明同种抗生素在不同的区域有不同的使用习惯。

官厅水库及其上游河流共28个采样点表层水中PPCPs总浓度分布见图3.8。在官厅水库14个表层水采样点中,L01—L09采样点PPCPs总浓度为132~370 ng/L,L10—L14采样点PPCPs总浓度为843~1 319 ng/L,官厅水库表层水中PPCPs总浓度最高采样点为L13,其总浓度为1 319 ng/L,说明官厅水库西南区域表层水中PPCPs总浓度大于中部和东北部。在官厅水库上游河流14个表层水采样点中,R01—R06、R11、R13采样点PPCPs总浓度为626~1 895 ng/L,R07—R10、R12、R14采样点PPCPs总浓度为281~587 ng/L,上游河流中PPCPs总浓度最高的采样点为R02,其总浓度为1 895 ng/L,说明上游河流中PPCPs浓度从上游到下游不断增加,河流流经区域不断有PPCPs汇入河流中,张家口城区生活污水的汇入可能是下游河流中PPCPs增加的主要原因。永定河是官厅水库主要供给水源,其主要汇入官厅水库的东南部,近年来,永定河接纳了张家口城区大量的生活污水和工业废水,官厅水库东南部表层水体中PPCPs的含量较高,说明永定河来水对官厅水库中PPCPs的贡献较大。官厅水库中部及东北部由于很少接纳其他河流的

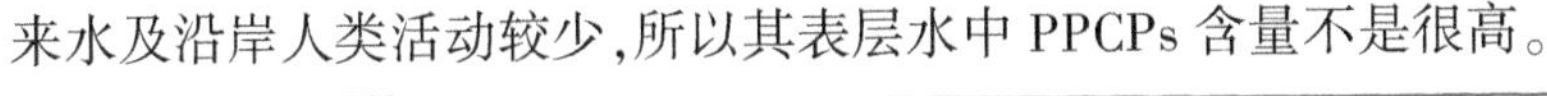
来水及沿岸人类活动较少，所以其表层水中 PPCPs 含量不是很高。

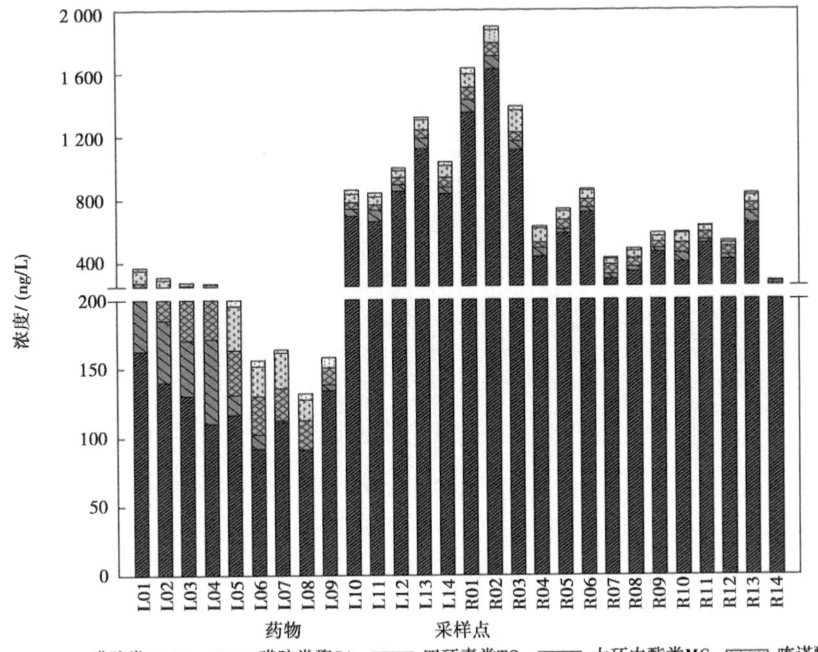

N-APs：非抗生素类药物；SAs：磺胺类抗生素；

TCs：四环素类抗生素；MCs：大环内酯类抗生素；QNs：喹诺酮类抗生素。

图 3.8　PPCPs 在官厅水库及其上游河流表层水体中的浓度

3.2.3.2　官厅水库及其上游河流表层沉积物中 PPCPs 分布

在沉积物中，官厅水库中有 3 种 PPCPs 检出率为 100%，上游河流表层沉积物中有 5 种 PPCPs 检出率为 100%，如表 3.8 所示。在官厅水库表层沉积物中，对乙酰氨基酚、咖啡因和氧氟沙星检出率为 100%，然而氟西汀和甲氧苄啶的检出率仅为 23.1%与 38.5%，其他 13 种 PPCPs 检出率为 53.9%~92.3%。在官厅水库上游河流表层沉积物中，对乙酰氨基酚、咖啡因、卡马西平、四环素和金霉素检出率为 100%，然而泰乐菌素的检出率仅为 30%，其他 12 种 PPCPs 检出率为 50%~90%。对乙酰氨基酚和咖啡因为官厅水库及其上游河流表层沉积物中的优势污染物，其具有较高检出率和平均浓度。在官厅水库中，对乙酰氨基酚平均浓度为 529 ng/g（干重，下同），咖啡因平均浓度为 1 430 ng/g；在官厅水库上游河流中，对乙酰氨基酚平均浓度为 202 ng/g，咖啡因平均浓度为 1 020 ng/g。

在官厅水库及其上游河流中，5 种非抗生素类药物在沉积物中均有检出。在官厅水库沉积物中，咖啡因和对乙酰氨基酚的检出率均为 100%，卡马西平和地尔硫卓的检出率分别为 76.9%和 84.6%，氟西汀在 5 种非抗生素类药物中检出率最低，为 23.1%。在官厅水库上游河流沉积物中，咖啡因、对乙酰氨基酚和卡马西平检出率均为 100%，地尔硫卓和氟西汀检出率分别为 90%和 80%。对乙酰氨基酚和咖啡因在官厅水库及其上游河流沉积物中检出浓度均较高，在官厅水库沉积物中，其浓度分别为 529 ng/g 和 1 430 ng/g，在上游河流中，其浓度分别为 202 ng/g 和 1 020 ng/g。然而在官厅水库及其上游河

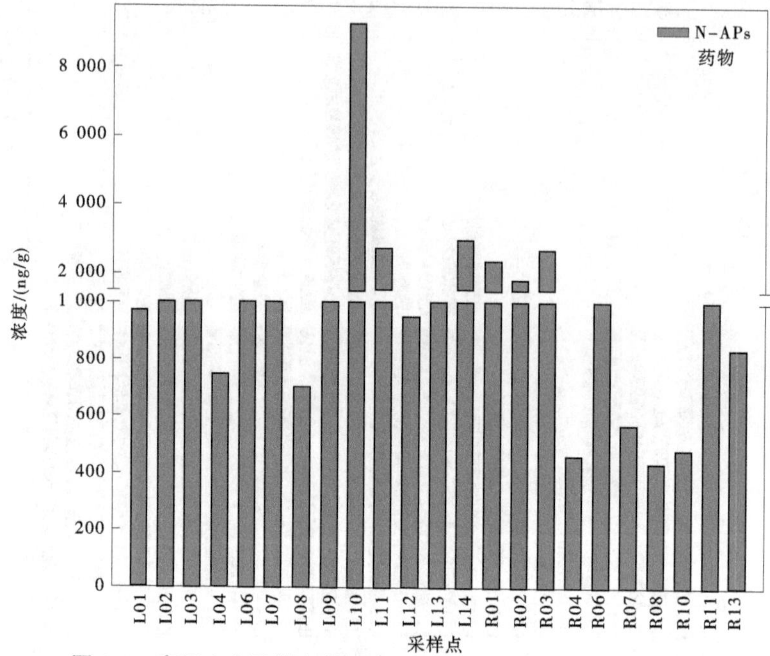

图 3.9　官厅水库及其上游河流沉积物中非抗生素类药物的浓度

流沉积物中，其他 3 种非抗生素类药物含量均低于 10.0 ng/g。与以往研究关于沉积物中检出 PPCPs 含量相比，本研究区沉积物中咖啡因含量比美国圣弗朗西斯科湾（最高浓度为 29.7 ng/g）和巴西萨尔瓦多市托斯湾（平均浓度为 23.4 ng/g）高。官厅水库沉积物中对乙酰氨基酚的浓度比西班牙埃布罗河（平均浓度为 222 ng/g）要高，而官厅水库上游河流沉积物中对乙酰氨基酚的含量与埃布罗河中相似。卡马西平在官厅水库及其上游河流中的浓度分别为 3.40 ng/g 和 6.73 ng/g，卡马西平含量与巴西萨尔瓦多市托斯湾（平均浓度为 4.81 ng/g）相似。

官厅水库及其上游河流中，磺胺类、四环素类、大环内酯类和喹诺酮类抗生素浓度见表 3.8。磺胺嘧啶、磺胺甲恶唑、磺胺二甲嘧啶的检出率都大于 50%；在官厅水库上游河流沉积物中，4 种磺胺类抗生素检出率均大于 50%。在官厅水库沉积物中，磺胺甲恶唑平均含量最高，为 9.93 ng/g。其他 3 种磺胺类抗生素在官厅水库及其上游河流中含量均低于 3.50 ng/g。与以往研究报道相比，本研究区磺胺甲恶唑含量处于中等污染水平。本研究中，磺胺甲恶唑浓度高于中国黄浦江（平均浓度为 0.2 ng/g），低于中国太湖（平均浓度为 16.1 ng/g）和珠江（平均浓度为 12.4 ng/g）。

在官厅水库及其上游河流沉积物中，4 种四环素类抗生素的检出率均大于 60%。在本研究区中，四环素类抗生素浓度差别不大，其浓度为 1.67~5.06 ng/g。与已有研究报道相比，中国太湖沉积物中土霉素、四环素和金霉素（其平均浓度分别为 52.8 ng/g、47.9 ng/g、19.0 ng/g）浓度比本研究区中这 3 种四环素含量高。但是本研究区中四环素类抗生素浓度与中国黄浦江中浓度相似（其浓度为 2.40~7.00 ng/g）。

在官厅水库表层沉积物中，4 种大环内酯类抗生素检出率均大于 50%；在官厅水库上游河流表层沉积物中，除泰乐菌素（检出率为 30%）外，其余 3 种大环内酯类抗生素的检出率均大于50%。4种大环内酯类抗生素平均浓度为0.64~4.44 ng/g。红霉素为本研究4种大环内酯类抗生素中含量较高的化合物,其在官厅水库及其上游河流中含量比中国珠江(平均浓度为10.2 ng/g)低,与我国白洋淀(平均浓度为0.59 ng/g)沉积物中含量相似。

氧氟沙星是本研究中唯一一种喹诺酮类抗生素,其在官厅水库沉积物中检出率为100%,其平均浓度为3.47 ng/g;在其上游河流沉积物中检出率为70%,其平均浓度为4.27 ng/g。与以往研究报道相比,本研究区沉积物中氧氟沙星含量比中国太湖(平均浓度为16.5 ng/g)低,与中国黄浦江(平均浓度为6.50 ng/g)、珠江(平均浓度为3.30 ng/g)、黄河(平均浓度为3.07 ng/g)、海河(平均浓度为10.3 ng/g)和辽河(平均浓度为3.56 ng/g)相似。

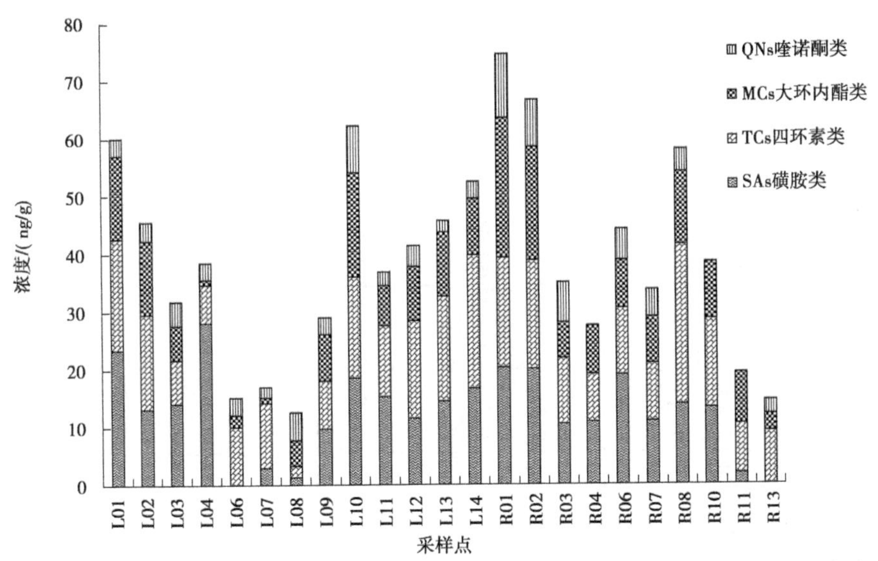

图3.10　官厅水库及其上游河流沉积物中磺胺类、四环素类、大环内酯类、喹诺酮类抗生素浓度

3.2.3.3　官厅水库表层水中PPCPs化合物之间相关关系

利用SPSS Statistics软件对官厅水库14个采样点表层水中PPCPs做Pearson相关性分析,得到各个化合物相关系数矩阵,结果见表3.9。结果表明,官厅水库表层水中甲氧苄啶、对乙酰氨基、咖啡因、卡马西平、磺胺嘧啶、土霉素、四环素、红霉素、氧氟沙星浓度呈相关关系($P<0.05$),各个化合物之间可能存在相似污染源;氟西汀、磺胺嘧啶、磺胺甲恶唑、磺胺二甲嘧啶、金霉素、阿奇霉素、强力霉素、泰乐菌素与其他化合物不存在显著相关性,其可能与其他化合物有不同污染源。

3.2.3.4　官厅水库上游河流表层水中PPCPs化合物之间相关关系

利用SPSS Statistics软件对官厅水库上游河流14个采样点表层水中PPCPs做Pearson相关性分析,得到各个化合物相关系数矩阵,结果见表3.10。结果表明,官厅水库上游河流表层水中甲氧苄啶、对乙酰氨基、咖啡因、磺胺嘧啶、磺胺甲恶唑、土霉素、四环素、阿奇霉素、红霉素浓度呈相关关系($P<0.05$),各个化合物之间可能存在相似污染源;地尔硫卓、氟西汀、磺胺二甲嘧啶、土霉素、强力霉素、氧氟沙星、林可霉素与其他化合物不存在显著相关性,其可能与其他化合物有不同污染源。

表 3.9　官厅水库表层水中 PPCPs 浓度之间相关关系

化合物	ACE	CAF	DTZ	CBZ	FXT	SDZ	SMX	SMZ	OTC	TC	CTC	AZM	DOX	ERY	TYL	OFL	LIN	TMP
ACE	1	0.708**	0.731**	0.639*	0.355	0.411	0.228	0.357	0.336	0.728**	0.007	0.065	0.281	0.391	0.112	0.567*	0.254	0.764**
CAF		1	0.596*	0.549*	0.198	0.413	0.344	0.174	0.534*	0.718**	-0.175	-0.063	0.165	0.413	0.079	0.743**	0.522	0.724**
DTZ			1	0.325	0.272	0.21	0.128	0.104	0.007	0.468	0.169	-0.426	0.035	0.139	0.1	0.348	0.081	0.516
CBZ				1	0.147	0.479	0.32	0.417	0.629*	0.503	-0.146	0.433	0.524	0.735**	0.371	0.497	0.476	0.711**
FXT					1	-0.278	-0.302	-0.163	-0.021	0.419	0.131	-0.039	0.265	-0.077	0.169	0.08	-0.139	0.174
SDZ						1	0.387	0.389	0.596*	0.388	-0.3	0.335	0.41	0.651*	-0.185	0.406	0.682**	0.493
SMX							1	0.524	0.550*	0.547*	0.345	0.364	-0.33	0.462	0.456	0.519	0.700**	0.499
SMZ								1	0.401	0.377	-0.084	0.432	-0.146	0.549*	-0.05	0.639*	0.476	0.578*
OTC									1	0.668**	-0.341	0.487	0.286	0.833**	0.405	0.710**	0.906**	0.693**
TC										1	0	0.20	0.098	0.584*	0.354	0.788**	0.684**	0.738**
CTC											1	0.137	-0.272	-0.373	0.46	-0.248	-0.267	-0.008
AZM												1	0.415	0.431	0.27	0.161	0.372	0.396
DOX													1	0.434	-0.021	-0.041	0.072	0.3
ERY														1	0.262	0.671**	0.789**	0.656*
TYL															1	0.144	0.273	0.306
OFL																1	0.730**	0.768**
LIN																	1	0.589*
TMP																		1

注：** 表示在 0.01 水平（双侧）上显著相关；

* 表示在 0.05 水平（双侧）上显著相关。

表3.10　官厅水库上游河流表层水中PPCPs浓度之间相关关系

	ACE	CAF	DTZ	CBZ	FXT	SDZ	SMX	SMZ	OTC	TC	CTC	AZM	DOX	ERY	OFL	LIN	TMP
ACE	1	0.894**	0.168	0.409	0.276	0.698**	0.51	0.44	0.373	0.785**	0.732**	0.600*	−0.076	0.748**	0.753**	0.251	0.743**
CAF		1	0.379	0.226	−0.013	0.829**	0.502	0.243	0.333	0.657*	0.643*	0.503	−0.008	0.722**	0.654*	0.265	0.784**
DTZ			1	−0.284	0.044	0.158	−0.178	−0.041	0.099	0.093	−0.097	−0.153	0.225	0.192	0.14	0.112	0.195
CBZ				1	0.552*	0.012	0.284	0.192	0.335	0.507	0.833**	0.16	−0.14	0.301	0.281	−0.14	0.422
FXT					1	−0.208	−0.024	0.293	0.136	0.26	0.282	0.173	−0.183	0.232	0.445	0.107	0.112
SDZ						1	0.665**	0.276	0.235	0.327	0.442	0.408	−0.171	0.753**	0.621*	0.334	0.681**
SMX							1	0.191	0.521	0.337	0.501	0.501	−0.328	0.674**	0.477	0.009	0.686**
SMZ								1	0.428	0.152	0.37	0.215	−0.143	0.403	0.261	0.081	0.259
OTC									1	0.423	0.401	0.543*	−0.560*	0.555*	0.215	−0.009	0.641*
TC										1	0.623*	0.559*	−0.075	0.471	0.431	0.126	0.738**
CTC											1	0.268	0.042	0.537*	0.487	−0.16	0.623*
AZM												1	−0.619*	0.505	0.391	0.287	0.597*
DOX													1	−0.435	−0.09	−0.467	−0.358
ERY														1	0.720**	0.352	0.691**
OFL															1	0.349	0.498
LIN																1	0.313
TMP																	1

注：** 表示在0.01水平（双侧）上显著相关；* 表示在0.05水平（双侧）上显著相关。

3.2.3.5 **环境风险评价**

所选取的PPCPs在官厅水库及其上游河流RQ值见表3.11。在本研究中,在官厅水库及其上游河流表层水中大部分PPCPs的RQ值都小于0.01,说明大部分PPCPs对本研究区水体没有生态风险。但是在官厅水库上游河流中咖啡因的RQ值等于0.01,官厅水库表层水中甲氧苄啶和土霉素的RQ值大于0.01小于0.1,说明这几种PPCPs在相应表层水中存在低风险。红霉素在官厅水库中的RQ值为0.689,说明红霉素在官厅水库表层水中存在中等风险;红霉素在官厅水库上游河流中RQ值为1.592,说明红霉素在上游河流中存在较高风险。Wu等在中国长江中下游表层水中也发现了红霉素具有较高风险,其RQ值为20.20,其RQ值为本研究的近10倍。红霉素在表层水中存在较高风险,可能是由于红霉素在人们日常生活中使用非常广泛,造成表层水中含量较高,并且红霉素的PNEC(预测无效应浓度)值较低。

水体中PPCPs浓度与采样时间和采样季节具有一定的关系,进而影响到PPCPs对水环境的风险。许多研究表明,PPCPs在水体中的浓度一般是枯水期高于丰水期,因为丰水期河流水量较大,其对水环境中的PPCPs具有一定的稀释作用。本研究中,水体及沉积物的采样时间为夏季,为官厅水库流域的丰水期,许多PPCPs在水环境中显示出低风险。

官厅水库及其上游河流沉积物中PPCPs对底栖生物存在的潜在风险见表3.12。在本研究中,对乙酰氨基酚、咖啡因、磺胺嘧啶、甲氧苄啶、泰乐菌素等在官厅水库及其上游河流沉积物中的风险商值均大于1,对官厅水库及其上游河流沉积物中底栖生物具有高风险。磺胺甲恶唑和红霉素在官厅水库沉积物中的风险商值大于1,对底栖生物具有高风险,然而这两种PPCPs在官厅水库上游河流中的风险商值均小于1,对其底栖生物具有中等风险。磺胺二甲嘧啶在官厅水库上游河流中的风险商值大于1,对其底栖生物具有高风险,然而其在官厅水库沉积物中的风险商值在0.01至0.1,对其底栖生物具有中等风险。地尔硫卓、卡马西平、氟西汀、土霉素、四环素、金霉素、强力霉素、阿奇霉素、林可霉素和氧氟沙星在官厅水库及其上游河流沉积物中的风险商值在0.1至1,对底栖生物具有中等风险。

表3.11 官厅水库及其上游河流中PPCPs的潜在风险

化合物	PNEC/(μg/L)	最大检出浓度/(ng/L)		风险商值(RQ)	
		官厅水库	上游河流	官厅水库	上游河流
对乙酰氨基酚 ACE	9.2	506.47	901.73	5.51×10^{-2}	9.80×10^{-2}
咖啡因 CAF	69	620.39	707.51	0.009	0.010
地尔硫卓 DTZ	8.2	17.37	8.64	2.12×10^{-3}	1.05×10^{-3}
卡马西平 CBZ	31.6	5.90	11.47	0	0
氟西汀 FXT	41	3.40	4.45	8.29×10^{-5}	1.09×10^{-4}
磺胺嘧啶 SDZ	10	23.51	20.58	0.002	2.06×10^{-3}
磺胺甲恶唑 SMX	20	44.39	42.59	0.002	0.002

续表 3.11

化合物	PNEC/(μg/L)	最大检出浓度/(ng/L)		风险商值(RQ)	
		官厅水库	上游河流	官厅水库	上游河流
磺胺二甲嘧啶 SMZ	15.63	25.68	14.11	0.002	9.03×10^{-4}
甲氧苄啶 TMP	1	15.26	20.23	0.015	0.020
土霉素 OTC	2	30.45	36.26	0.015	0.018
四环素 TC	3 400	14.86	18.86	4.37×10^{-6}	5.55×10^{-6}
金霉素 CTC	5	15.38	19.68	0.003	3.94×10^{-3}
强力霉素 DOX	430	10.11	12.76	2.35×10^{-5}	2.97×10^{-5}
阿奇霉素 AZM	0.454	16.72	25.71	0.037	0.057
红霉素 ERY	0.04	27.56	63.69	0.689	1.592
泰乐菌素 TYL	0.34	1.49	0	0.004	0
林可霉素 LIN	13.98	10.53	59.19	0.001	0.004
氧氟沙星 OFL	100	26.37	36.73	2.64×10^{-4}	3.67×10^{-4}

表 3.12　官厅水库及其上游河流沉积物中 PPCPs 存在的潜在风险

化合物	PNEC/(ng/g)	最大检出浓度/(ng/g)		风险商值(RQ)	
		官厅水库	上游河流	官厅水库	上游河流
对乙酰氨基酚 ACE	4.002	643.11	437.12	160.70	109.23
咖啡因 CAF	17.49	8 432.19	2 208.34	482.20	126.28
地尔硫卓 DTZ	73.80	15.67	15.64	0.21	0.21
卡马西平 CBZ	257.25	6.70	11.58	0.03	0.05
氟西汀 FXT	249.43	3.21	6.85	0.01	0.03
磺胺嘧啶 SDZ	1.98	4.56	7.08	2.30	3.58
磺胺甲恶唑 SMX	15.90	24.56	6.21	1.54	0.39
磺胺二甲嘧啶 SMZ	5.11	4.38	8.17	0.86	1.60
甲氧苄啶 TMP	2.145	3.65	6.06	1.70	2.83
土霉素 OTC	20.46	5.33	5.08	0.26	0.25
四环素 TC	18.53	8.27	13.87	0.45	0.75
金霉素 CTC	27.84	5.22	7.78	0.19	0.28
强力霉素 DOX	16.62	13.11	6.08	0.79	0.37
阿奇霉素 AZM	10.80	8.15	7.55	0.75	0.70
红霉素 ERY	5.83	5.97	4.88	1.02	0.84
泰乐菌素 TYL	0.80	2.54	9.86	3.19	12.39
林可霉素 LIN	17.33	3.56	7.59	0.21	0.44
氧氟沙星 OFL	20.56	8.18	10.98	0.40	0.53

3.3　北京城区水环境中 PPCPs 分布状况与潜在风险

北京是我国政治、文化和经济中心，北京市常住人口已经突破 2 000 万，众多的人口势必会导致 PPCPs 物质的大量使用，北京已经成了我国乃至世界上 PPCPs 类产品消费量最大的城市。北京市每天的污水排放量已经超过 300 万 t，但是北京市污水处理厂针对 PPCPs 的处理率有限，市区和郊区的污水处理率分别为 80% 和 50%，经污水处理厂处理没有去除的 PPCPs 化合物被直接或间接排放入城市水环境中。目前，对北京周边北运河表层水环境中 PPCPs 的来源及分布已经有相关报道，但是对流经北京城区的河流及湖泊中 PPCPs 的赋存状况、来源及其潜在生态风险研究相对较少。

3.3.1　研究目的

本书对北京城区主要河流及湖泊表层水体及沉积物中 PPCPs 进行研究，以期为北京城区水环境中 PPCPs 的赋存状况、来源及潜在风险提供数据支持。

3.3.2　样品采集

2013 年 12 月，共采集北京城区河流及湖泊中 44 个水样品及 28 个（部分河段河床硬化处理，没有采集沉积物样品）沉积物样品，其中在北京城区河流中共采集 34 个水样品、23 个沉积物样品；在城区湖泊中共采集 10 个水样品、5 个沉积物样品，详细信息如表 3.13 所示，如图 3.11 所示。使用不锈钢采水器采集水面 0～50 cm 的水样品，每个采样点采集不少于 1.5 L 水样品，样品于 4 ℃环境中保存并尽快用 0.45 μm 滤膜过滤处理。使用采泥器采集河流及湖泊表层 0～10 cm 的沉积物，将采集到的沉积物样品取约 500 g 装入 PE 密封袋，置于冰盒中保存，运回实验室后保存于−20 ℃冰箱中，并尽快进行处理分析。

表 3.13　样品位置及所属河流

样点	经纬度	所属河流	说明
R1	116°13′11.49″E　39°51′9.07″N	永定河	采集水、沉积物
R2	116°09′53.92″E　39°53′20.76″N	永定河	采集水、沉积物
R3	116°07′16.57″E　39°56′25.40″N	永定河	采集水、沉积物
R4	116°12′21.45″E　39°56′26.98″N	永定河引水渠	采集水、沉积物
R5	116°16′21.86″E　39°55′30.82″N	永定河引水渠	采集水、沉积物
R6	116°16′49.15″E　39°58′48.43″N	昆玉河	只采集水样
R7	116°22′2.27″E　39°51′45.25″N	凉水河	只采集水样
R8	116°17′46.71″E　39°55′6.88″N	昆玉河	只采集水样

续表 3.13

样点	经纬度	所属河流	说明
R9	116°19′19.59″E　39°54′47.12″N	昆玉河	只采集水样
R10	116°19′42.98″E　39°54′40.83″N	昆玉河	只采集水样
R11	116°16′21.97″E　40°00′28.11″N	清河	采集水、沉积物
R12	116°18′11.30″E　40°01′0.01″N	清河	采集水、沉积物
R13	116°22′1.27″E　40°01′45.29″N	清河	采集水、沉积物
R14	116°24′26.02″E　40°02′29.29″N	清河	采集水、沉积物
R15	116°27′28.76″E　40°04′3.90″N	清河	采集水、沉积物
R16	116°29′19.46″E　40°04′51.95″N	清河	采集水、沉积物
R17	116°29′28.93″E　40°05′39.87″N	温榆河	采集水、沉积物
R18	116°32′17.87″E　40°03′48.38″N	温榆河	采集水、沉积物
R19	116°34′15.77″E　40°01′52.13″N	温榆河	采集水、沉积物
R20	116°38′30.98″E　39°59′11.50″N	温榆河	采集水、沉积物
R21	116°38′36.77″E　39°56′13.02″N	温榆河	采集水、沉积物
R22	116°35′59.56″E　39°54′19.69″N	通惠河	采集水、沉积物
R23	116°31′45.01″E　39°54′30.16″N	通惠河	只采集水样
R24	116°27′40.39″E　39°54′13.42″N	通惠河	只采集水样
R25	116°22′20.89″E　39°56′57.19″N	护城河	采集水、沉积物
R26	116°25′55.52″E　39°57′1.04″N	护城河	采集水、沉积物
R27	116°26′19.60″E　39°52′18.84″N	护城河	只采集水样
R28	116°26′25.29″E　39°57′59.68″N	西坝河	采集水、沉积物
R29	116°29′24.25″E　39°58′2.71″N	东坝河	采集水、沉积物
R30	116°27′40.24″E　39°56′51.50″N	亮马河	采集水、沉积物
R31	116°29′14.27″E　39°57′24.98″N	亮马河	采集水、沉积物
R32	116°26′16.15″E　39°49′58.83″N	凉水河	采集水、沉积物
R33	116°20′57.84″E　39°53′23.53″N	昆玉河	只采集水样
R34	116°19′51.27″E　39°53′24.79″N	莲花河	只采集水样

续表 3.13

样点	经纬度	所属河流	备注
L1	116°22′27.12″E　39°56′50.20″N	西海	采集水、沉积物
L2	116°22′33.27″E　39°56′46.71″N	西海	只采集水样
L3	116°22′41.88″E　39°56′42.36″N	西海	只采集水样
L4	116°22′51.02″E　39°56′36.74″N	后海	采集水、沉积物
L5	116°23′1.60″E　39°56′31.73″N	后海	采集水、沉积物
L6	116°23′1.03″E　39°56′39.55″N	后海	采集水、沉积物
L7	116°23′16.26″E　39°56′31.23″N	后海	只采集水样
L8	116°23′32.53″E　39°56′22.37″N	后海	只采集水样
L9	116°23′41.67″E　39°56′14.96″N	前海	采集水、沉积物
L10	116°23′33.75″E　39°56′3.51″N	前海	只采集水样

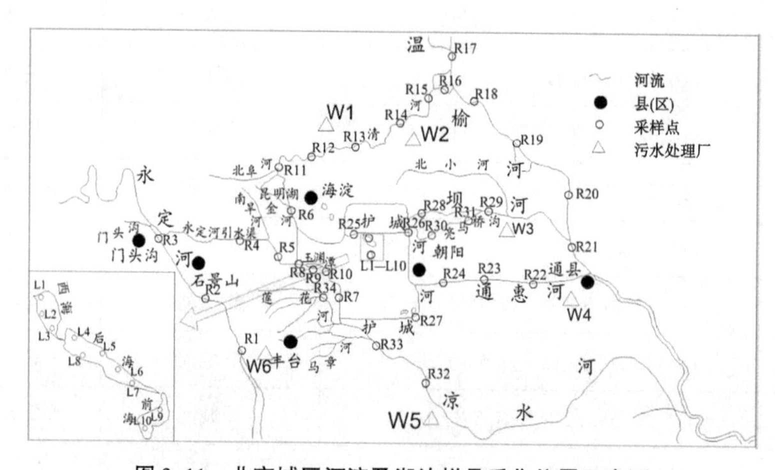

图 3.11　北京城区河流及湖泊样品采集位置示意图

3.3.3　结果与讨论

3.3.3.1　PPCPs 在北京城区表层水中的分布

PPCPs 在北京城区表层水中浓度见表 3.14，河流表层水中 PPCPs 平均浓度为 N.D.～217.6 ng/L，其检出率为 0～100%。湖泊中 PPCPs 平均浓度为 N.D.～182.6 ng/L，其检出率为 0～100%。在各条河流表层水中，磺胺甲恶唑、地尔硫卓和泰乐菌素均未检出，其余 PPCPs 检出率为 68%～100%。湖泊表层水中磺胺甲恶唑、地尔硫卓、泰乐菌素和卡马西平均未检出，其余 PPCPs 的检出率为 60%～100%，其中对乙酰氨基酚、林可霉素、咖啡因和阿奇霉素检出率都为 100%。在各条河流和城区湖泊水体中，咖啡因的平均检出含量最高，分别为 217.6 ng/L 和 182.6 ng/L。总体来说，城区河流与城区湖泊表层水中的 PPCPs 处于同一污染水平。

表 3.14　北京城区河流及湖泊表层水体中 PPCPs 的浓度

化合物	河流(n=34)/(ng/L)				湖泊(n=10)/(ng/L)			
	浓度范围	中值	平均值	检出率(%)	浓度范围	中值	平均值	检出率(%)
对乙酰氨基酚 ACE	N. D. ~200	4.5	21.5	71	2.97~38.77	13.7	19.1	100
林可霉素 LIN	N. D. ~10.8	2.17	2.65	71	1.53~2.65	2.23	2.25	100
咖啡因 CAF	1.75~655	176.6	217.6	100	41.8~252	181.8	182.6	100
甲氧苄啶 TMP	N. D. ~60.3	2	4.28	74	N. D. ~6.47	1.3	1.93	60
阿奇霉素 AZM	N. D. ~13.8	7.03	6.4	77	7.2~8.71	7.73	7.97	100
磺胺甲恶唑 SMX	N. D.	N. D.	N. D.	0	N. D.	N. D.	N. D.	0
地尔硫卓 DTZ	N. D.	N. D.	N. D.	0	N. D.	N. D.	N. D.	0
泰乐菌素 TYL	N. D.	N. D.	N. D.	0	N. D.	N. D.	N. D.	0
卡马西平 CBZ	N. D. ~49.0	1.06	5.75	68	N. D.	N. D.	N. D.	0
氟西汀 FXT	N. D. ~1.34	2.46	1.11	71	N. D. ~1.34	1.27	1.16	80

注:N. D. 为低于检出限;n 为样品个数。

3.3.3.2　PPCPs 在北京城区水体沉积物中的分布

选取的 PPCPs 在北京城区沉积物中的浓度见表 3.15,河流沉积物中 PPCPs 的总浓度平均值为 N. D. ~273.0 ng/g,其检出率为 0~100%。湖泊沉积物中 PPCPs 的总浓度平均值为 N. D. ~134.3 ng/g,其检出率为 0~100%。在各条河流沉积物中,泰乐菌素、氟西汀和卡马西平检出率低于 50%,分别为 0、43.5%和 43.5%,其余 PPCPs 检出率为 56.5%~100%。城区湖泊表层沉积物中泰乐菌素、氟西汀和卡马西平均未检出,其余 PPCPs 检出率为 80%~100%。在各条河流沉积物中,对乙酰氨基酚和咖啡因平均含量最高,分别为 273.0 ng/g 和 171.6 ng/g;在各个湖泊沉积物中,对乙酰氨基酚、咖啡因、林可霉素和阿奇霉素的平均含量最高,分别为 113.1 ng/g、134.3 ng/g、117.0 ng/g 和 108.9 ng/g。

3.3.3.3　北京城区各河流及湖泊表层水中 PPCPs 分布状况

PPCPs 的空间分布受人类活动、畜牧养殖和水产养殖的影响,总的来说主要是受人为影响和畜牧养殖业的影响。对乙酰氨基酚、咖啡因、地尔硫卓和卡马西平等都是人类使用药,泰乐菌素是畜牧业使用药,阿奇霉素、林可霉素、甲氧苄啶和磺胺甲恶唑是人和动物都能使用的药物。许多 PPCPs 化合物的水溶性较强,有些 PPCPs 还可以通过吸附、络合、共沉淀等方式从水体迁移至沉积物中。

表 3.15　北京城区河流与湖泊沉积物中 PPCPs 的浓度

化合物	河流(*n*=23)/(ng/g)				湖泊(*n*=5)/(ng/g)			
	极小值	极大值	平均值	检出率(%)	极小值	极大值	平均值	检出率(%)
对乙酰氨基酚 ACE	18.7	510.2	273.0	100	60.1	156.7	113.1	100
林可霉素 LIN	11.5	64.8	26.9	100	88.5	161.8	117.0	100
咖啡因 CAF	91.1	274.9	171.6	100	111.5	156.7	134.3	100
甲氧苄啶 TMP	N.D.	50.2	11.1	69.6	N.D.	10.9	7.95	80
阿奇霉素 AZM	N.D.	166.6	60.5	82.6	76.7	159.1	108.9	100
磺胺甲噁唑 SMX	N.D.	35.5	7.36	60.9	10.6	40.7	19.7	100
地尔硫卓 DTZ	N.D.	27.3	5.84	56.5	5.75	20.9	9.22	100
泰乐菌素 TYL	N.D.	N.D.	N.D.	0	N.D.	N.D.	N.D.	0
卡马西平 CBZ	N.D.	37.4	7.40	43.5	N.D.	N.D.	N.D.	0
氟西汀 FXT	N.D.	24.6	5.54	43.5	N.D.	N.D.	N.D.	0

注:N.D. 为低于检出限;*n* 为样品个数。

咖啡因在北京城区河流及湖泊表层水中含量及检出率较高,为 PPCPs 中的主要污染物,10 条河流及 3 个湖泊中咖啡因含量如图 3.12 所示。在北京城区各条河流表层水样中,坝河和通惠河中咖啡因含量较高,可能是由于坝河接收来自 W2 和 W3 污水处理厂的出水,通惠河接收来自 W4 污水处理厂的出水,生活污水经过污水处理厂没有被完全去除,随污水处理厂出水进入坝河和通惠河中。各条河流沉积物中咖啡因含量较低,可能是由于咖啡因具有较高的水溶性,大部分咖啡因都溶解于水中,在沉积物中的分布较少。

其余 PPCPs 在 10 条河流及 3 个湖泊中含量如图 3.13 所示。永定河引水渠、坝河和西海中 PPCPs 的含量较高,永定河引水渠周边居民区非常集中,周边存在许多生活污水排放口,增加了永定河引水渠表层水中 PPCPs 的含量;其周边还有两家医院,医院废水可能是永定河引水渠表层水中 PPCPs 的另一来源。坝河表层水中 PPCPs 含量较高,可能是由于坝河接收了来自 W2 和 W3 污水处理厂出水,污水处理厂没有完全去除污水中的 PPCPs,造成坝河表层水中 PPCPs 含量较高。西海中 PPCPs 含量较高,这可能是由于西海接收了附近居民生活污水和部分医院废水。

3.3.3.4　北京城区各个河流表层沉积物中 PPCPs 分布情况

对乙酰氨基酚、林可霉素、咖啡因和阿奇霉素在北京城区河流及湖泊表层沉积物中的含量及检出率较高,为表层沉积物中的主要污染物,10 条河流及 3 个湖泊中 4 种 PPCPs 含量

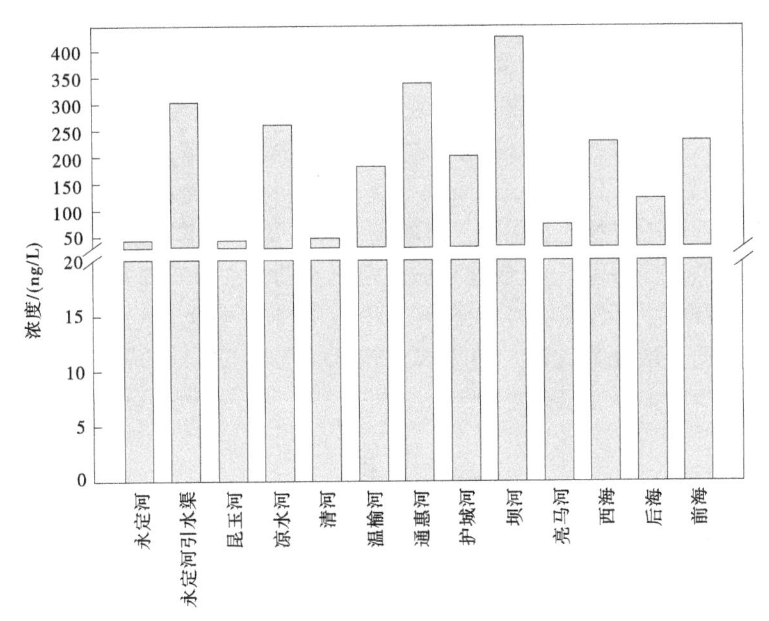

图3.12　咖啡因在北京城区各条河流及湖泊表层水中的浓度

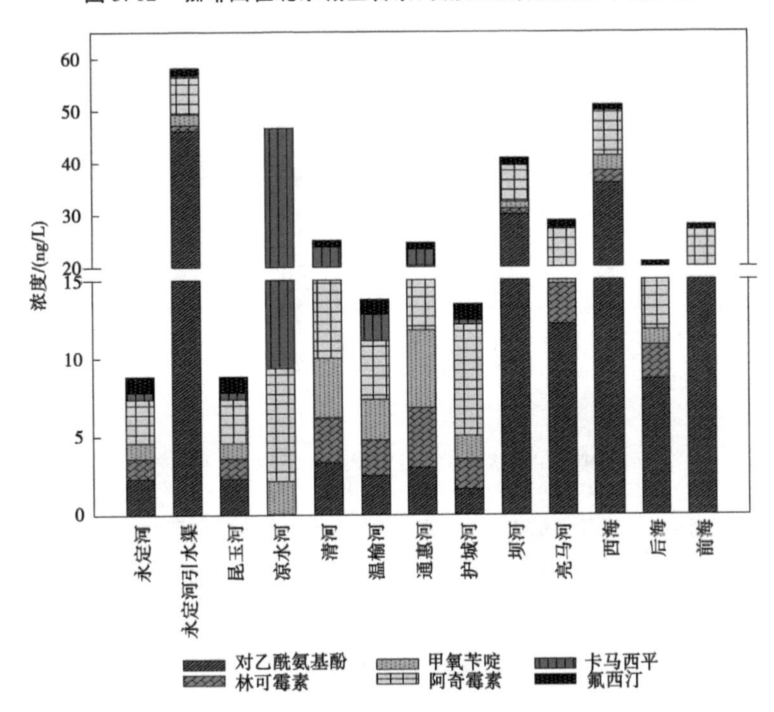

图3.13　6种PPCPs在北京城区各条河流及湖泊表层水中的浓度

如图3.14所示。对乙酰氨基酚是一种退热剂和止痛剂，主要用于治疗流行性感冒，其在整个世界范围内的使用都非常广泛。在英国，对乙酰氨基酚被列为三大处方药之首；在美国，对乙酰氨基酚也被列为200种最常用的处方药之一。每年对乙酰氨基酚的生产量大约为20万t，我国是世界上第二大对乙酰氨基酚的生产国，在我国，对乙酰氨基酚常常是治疗感冒发热的首选药物。根据已有的研究报道,对乙酰氨基酚在人类治疗感冒发热时,其不能完全被人体所吸收,有58%~68%的剂量是通过人体代谢直接排出体外或以代谢物的形式进入环境中。阿奇霉素为大环内酯类抗生素,主要用于治疗呼吸道及生殖道感染,可治疗多种病原体引起的儿童及成人的呼吸道感染、生殖道沙眼及衣原体感染等,并被多个国家(中国、美国、日本等)的医学指南推荐作为上述感染的一线治疗药物。阿奇霉素的水溶性较差,故其在水环境中大部分会随颗粒物的吸附进入沉积物中。尽管阿奇霉素在几天之内就能降解,但是由于其大量持续性使用,仍然造成北京城区河流及湖泊中有较高检出。在各条河流和湖泊沉积物中,永定河引水渠、温榆河、通惠河、坝河和凉水河中这4种PPCPs含量较高,这可能是由清河和坝河会接收W1、W2、W3和W5等污水处理厂出水造成的。

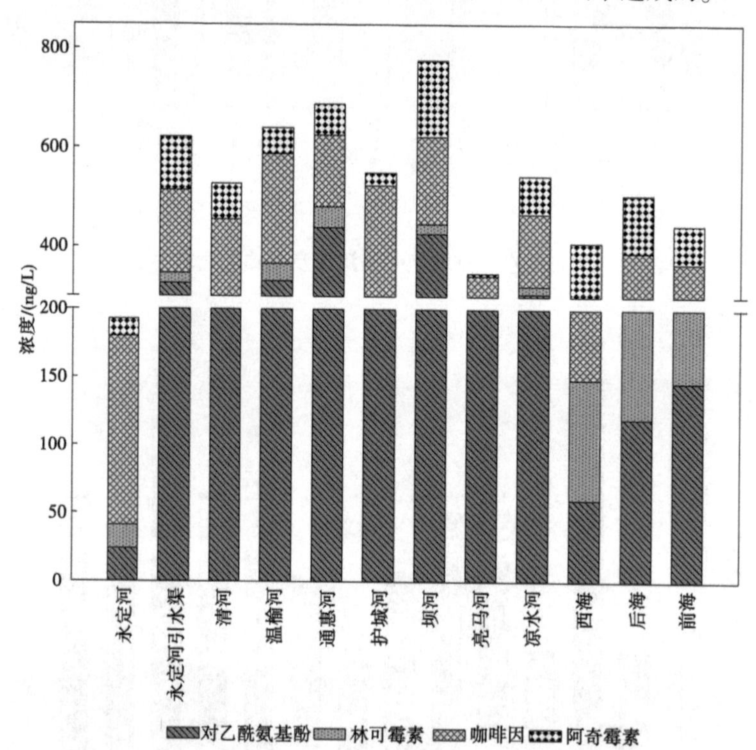

图3.14 ACE、LIN、CAF、AZM在北京城各河流和湖泊沉积物中的分布

5种PPCPs在北京城区9条河流和3个湖泊沉积物中的浓度如图3.15所示,在各条河流沉积物中,坝河和通惠河沉积物中6种PPCPs含量较高,可能是由坝河、通惠河分别接收来自W3和W4污水处理厂出水造成的。6种PPCPs中,甲氧苄啶在各条河流中含量较高,甲氧苄啶属于磺胺增效药,其主要为选择性抑制细菌的二氢叶酸还原酶活性,使二氢叶酸不能还原为四氢叶酸,从而抑制细菌的生长繁殖。在坝河和通惠河中甲氧苄啶的含量较高,可能是由其接收来自W3和W4污水处理厂出水造成的。

3.3.3.5 PPCPs在北京城区河流和湖泊表层水及沉积物中分配情况

污染物在河流和湖泊表层水及沉积物中的分配受多种因素的影响,如温度、pH、水体扰动及污染物的lgK_{ow}等,其中lgK_{ow}是影响污染物在表层水及沉积物中分配的十分重要

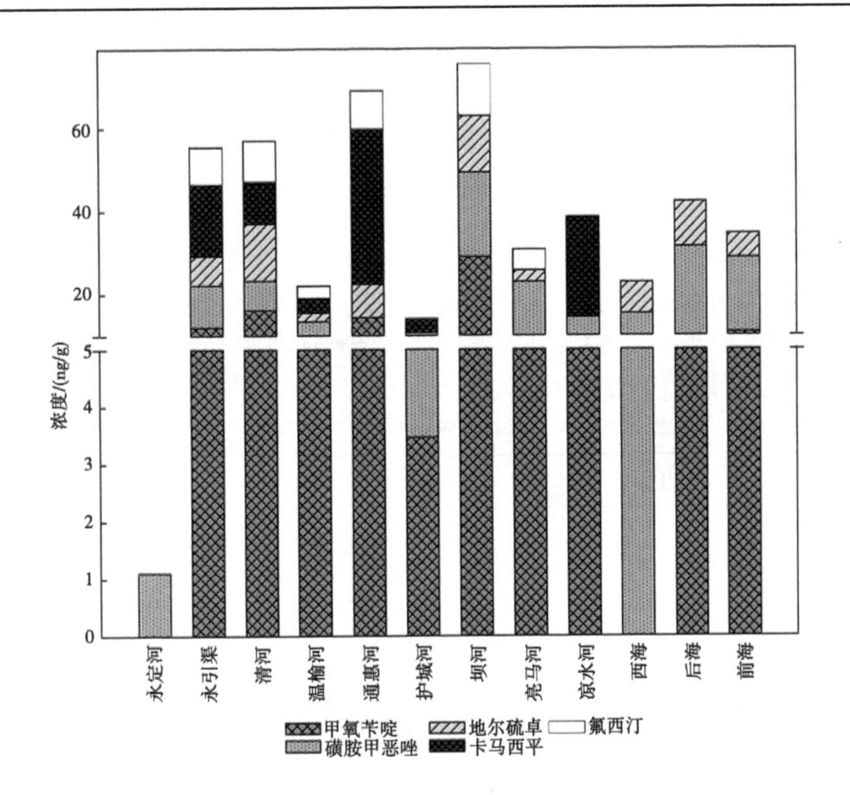

图 3.15　5 种 PPCPs 在北京城区各河流和湖泊沉积物中的浓度

的因素。北京城区河流及湖泊表层水中，咖啡因的浓度在选取的 PPCPs 中的含量最高，这可能是由于咖啡因的 $\lg K_{ow}$(-0.07)较小，具有极强的亲水性。地尔硫卓和泰乐菌素在北京城区河流和湖泊表层水中均没有检出，这 2 种 PPCPs 的 $\lg K_{ow}$ 分别为 2.79 和 1.63，具有一定的憎水性，其在水体中的检出浓度和检出率都很低。阿奇霉素在沉积物中的含量最高，其 $\lg K_{ow}$ 为 4.02，具有很强的憎水性，而在北京城区河流和湖泊表层水中含量较低。对乙酰氨基酚、林可霉素和磺胺甲恶唑的 $\lg K_{ow}$ 分别为 0.46、0.56 和 0.89，其具有较强的亲水性，但是其在沉积物中也有较高检出率，可能是这 3 种 PPCPs 通过吸附、络合、共沉淀等方式从水体迁移至沉积物中。卡马西平和氟西汀的 $\lg K_{ow}$ 分别为 2.45 和 3.96，具有较强的憎水性，但是其在北京城区河流及湖泊表层水中也有检出，可能是河流及湖泊水体扰动等原因，造成沉积物中卡马西平及氟西汀再次释放到表层水体中。

3.3.3.6　北京城区河流和湖泊表层水及沉积物中 PPCPs 组成情况

为了更好地说明北京城区表层水及沉积物中 PPCPs 的组成情况，对本研究的结果与其他国家研究的相关报道进行对比，如表 3.16 所示。结果显示，从 PPCPs 的数量看，本研究检测出 PPCPs 的数量相比以往许多研究处于中等水平，例如，在美国科罗拉多河流域，有四环素类、磺胺类和大环内酯类等 3 类 15 种抗生素检出；在欧洲一些国家，如英国的塔夫河和伊利河，有四环素类、磺胺类及二氨基嘧啶类等 3 类 5 种抗生素检出，法国的塞纳河，有喹诺酮类、磺胺类、硝基咪唑类和二氨基嘧啶类等 4 类 17 种抗生素检出，且其环境中 PPCPs 大部分都来自人类的排放；然而在韩国内麟川，有 2 类 6 种抗生素被检出，这些抗生素大部分都是比较廉价的，其主要来源是畜牧业养殖；本研究选取了多种

PPCPs,其中有大环内酯类抗生素、磺胺类抗生素、精神兴奋剂、抗惊厥药及甲氧苄啶等药物,并且选取的PPCPs在北京城区河流和湖泊表层水或沉积物中大部分有检出,其中污水处理厂出水排放、人类医学用药排放、畜牧业和水产养殖对北京城区河流及湖泊表层水及沉积物中PPCPs都有较大的贡献,这表明北京城区水环境中的PPCPs是受多种复合污染源共同作用的结果。在发展中国家,农业、畜牧业和水产养殖业是重要的经济活动,畜牧业和水产养殖业所产生的废水是当地水环境中PPCPs的潜在输入源;在发达国家,人类用药排放是环境中PPCPs的主要污染源。中国是生产和消费抗生素的大国,污水处理厂出水、人类医学用药排放、畜牧业和水产养殖业废水排放等对北京城区水环境中的PPCPs污染都可能有比较大的贡献。

表3.16　世界其他地区水体沉积物中PPCPs数量、种类及主要用途

研究区域	PPCPs数量	PPCPs种类	主要用途
科罗拉多河流域(美国)	15	四环素类、磺胺类、大环内酯类抗生素	人、动物
塔夫河和伊利河(英国)	5	大环内酯类、磺胺类抗生素及甲氧苄啶	人
珠江三角洲(中国)	9	四环素类、磺胺类抗生素	人类、动物
玄武湖(中国)	4	β-内酰胺类抗生素	人类、动物
内麟川(韩国)	6	四环素类、磺胺类抗生素	动物
太湖(中国)	15	大环内酯类、磺胺类、喹诺酮类、四环素类抗生素、甲氧苄啶	人、动物
太湖(中国)	9	大环内酯类、磺胺类抗生素、中枢兴奋剂、抗抑郁药及甲氧苄啶	人、动物
北京城区河流(中国)	10	大环内酯类、磺胺类抗生素、中枢兴奋剂、抗抑郁药及甲氧苄啶	人、动物

3.3.3.7　北京城区表层水及沉积物中PPCPs潜在风险

根据已有研究报道,计算得到本研究中目标化合物的预测无效应浓度,根据风险商值计算公式,得到北京城区河流及湖泊表层水及沉积物中PPCPs的风险商值,结果见表3.17、表3.18。可以看出,北京城区河流及湖泊表层水中PPCPs的RQ值均低于0.1,对河流水生生态环境具有低风险。在北京城区河流及湖泊沉积物中,对乙酰氨基酚、咖啡因和阿奇霉素的RQ值均大于1,对底栖生物具有高风险;林可霉素的RQ值除永定河与凉水河小于1,其余均大于1,对底栖生物具有高风险;甲氧苄啶的RQ值除在永定河与西海小于1,其余均大于1,对底栖生物具有高风险;磺胺甲恶唑在坝河、亮马河、后海、前海的RQ值大于1,对底栖生物具有高风险,在其余水体沉积物中均小于1,具有中等风险或无风险;其余4种PPCPs的RQ值均小于1,对其底栖生物具有中等风险或无风险。

表3.17 北京城区水体表层水中PPCPs的$PNEC_{water}$及风险商值

化合物	$PNEC_{water}$/(μg/L)	风险商值(RQ)												
		永定河	永定河引水渠	昆玉河	凉水河	清河	温榆河	通惠河	护城河	坝河	亮马河	西海	后海	前海
对乙酰氨基酚 ACE	9.2	2.5×10^{-4}	5.0×10^{-3}	2.5×10^{-4}	0	3.6×10^{-4}	2.7×10^{-4}	3.3×10^{-4}	1.8×10^{-4}	3.3×10^{-3}	1.3×10^{-3}	3.9×10^{-3}	9.4×10^{-4}	1.8×10^{-3}
林可霉素 LIN	35	3.6×10^{-5}	3.2×10^{-5}	3.6×10^{-5}	0	8.2×10^{-5}	6.5×10^{-5}	1.1×10^{-4}	5.5×10^{-5}	3.0×10^{-5}	7.4×10^{-5}	7.0×10^{-5}	6.1×10^{-5}	5.9×10^{-5}
咖啡因 CAF	87	4.9×10^{-4}	3.5×10^{-3}	4.9×10^{-4}	3.0×10^{-3}	5.4×10^{-4}	2.1×10^{-3}	3.9×10^{-3}	2.3×10^{-3}	4.9×10^{-3}	8.3×10^{-4}	2.6×10^{-3}	1.4×10^{-3}	2.7×10^{-3}
甲氧苄啶 TMP	2.6	3.8×10^{-4}	7.8×10^{-4}	3.8×10^{-4}	8.2×10^{-4}	1.5×10^{-3}	9.9×10^{-4}	1.9×10^{-3}	5.8×10^{-4}	4.9×10^{-4}	2.0×10^{-3}	1.1×10^{-3}	3.8×10^{-4}	5.0×10^{-4}
阿奇霉素 AZM	0.15	1.9×10^{-2}	4.8×10^{-2}	1.9×10^{-2}	4.8×10^{-2}	6.3×10^{-2}	2.5×10^{-2}	5.7×10^{-2}	4.7×10^{-2}	4.7×10^{-2}	4.9×10^{-2}	5.6×10^{-2}	5.2×10^{-2}	4.9×10^{-2}
磺胺甲恶唑 SMX	20	0	0	0	0	0	0	0	0	0	0	0	0	0
地尔硫卓 DTZ	6.0	0	0	0	0	0	0	0	0	0	0	0	0	0
泰乐菌素 TYL	0.34	0	0	0	0	0	0	0	0	0	0	0	0	0
卡马西平 CBZ	3.5	1.3×10^{-5}	1.2×10^{-5}	1.3×10^{-5}	1.1×10^{-3}	1.3×10^{-4}	4.8×10^{-5}	8.8×10^{-5}	8.0×10^{-6}	4.1×10^{-6}	7.6×10^{-6}	2.0×10^{-6}	2.0×10^{-6}	2.0×10^{-6}
氟西汀 FXT	3.8	2.7×10^{-4}	3.3×10^{-4}	2.7×10^{-4}	0	3.4×10^{-4}	2.5×10^{-4}	3.4×10^{-4}	2.8×10^{-4}	3.3×10^{-4}	3.4×10^{-4}	2.7×10^{-4}	3.4×10^{-4}	2.4×10^{-4}

表 3.18　北京城区表层沉积物中 PPCPs 的 $PNEC_{sediment}$ 及风险商值

化合物	$PNEC_{sediment}$/(ng/g)	风险商值(RQ)											
		永定河	永定河引水渠	清河	温榆河	通惠河	护城河	坝河	亮马河	凉水河	西海	后海	前海
对乙酰氨基酚 ACE	4.00	5.98	81.45	66.30	82.71	109.67	69.03	106.49	53.31	76.42	15.03	29.93	36.61
林可霉素 LIN	17.30	0.98	1.17	1.71	2.02	2.44	1.24	1.19	1.79	0.89	5.11	7.71	5.59
咖啡因 CAF	17.50	7.93	9.56	9.12	12.66	8.32	12.92	10.06	5.56	8.32	8.03	7.75	7.09
阿奇霉素 AZM	10.80	1.18	9.99	6.74	4.92	5.73	2.38	14.24	0.51	7.06	11.08	10.74	7.10
甲氧苄啶 TMP	2.15	0	5.60	7.53	4.74	6.71	1.61	13.49	2.44	4.66	0	4.50	5.00
磺胺甲恶唑 SMX	16.20	0.07	0.63	0.43	0.20	0	0.45	1.25	1.10	0.27	0.94	1.34	1.11
地尔硫卓 DTZ	73.80	0	0.10	0.19	0.03	0.11	0	0.19	0.04	0	0.10	0.15	0.08
泰乐菌素 TYL	0.796	0	0	0	0	0	0	0	0	0	0	0	0
卡马西平 CBZ	257	0	0.07	0.04	0.01	0.15	0.01	0	0	0.09	0	0	0
氟西汀 FXT	249	0	0.04	0.04	0.01	0.04	0	0.05	0.02	0	0	0	0

3.4　本章小结

应用建立及优化的水及沉积物中 PPCPs 检测方法，对海河流域典型水体——白洋淀、官厅水库及其上游河流中多种 PPCPs、北京城区河流及湖泊表层水及沉积物中多种 PPCPs 进行了检测。检测结果如下：

PPCPs 在白洋淀表层水、沉积物及孔隙水中都有检出，大部分化合物都具有较高的检出率。5 种非抗生素类药物在白洋淀表层水、沉积物及孔隙水中的平均浓度比磺胺类、四环素类、大环内酯类及喹诺酮类抗生素要高。与世界及中国其他主要江河、湖泊相比，本研究中 PPCPs 浓度处于中等污染水平。白洋淀上游的 5 条主要支流的浓度比白洋淀淀区浓度高。应用 RQ 风险评价模型对白洋淀及其支流表层水及沉积物中 PPCPs 的潜在风险进行评价，发现在表层水中 PPCPs 处于较低或中等风险水平；在白洋淀及其上游河流沉积物中发现所选取的大部分 PPCPs 化合物对底栖生物具有中等风险或者高风险。

PPCPs 在官厅水库及其上游河流表层水及沉积物中都有不同程度的检出。大部分 PPCPs 具有较高的检出率。5 种非抗生素类药物总浓度最高，为目标 PPCPs 中的主要污染物，对乙酰氨基酚和咖啡因在官厅水库及其上游河流表层水中含量为磺胺类、四环素类、大环内酯类和喹诺酮类抗生素的 5～10 倍；在沉积物中，对乙酰氨基酚和咖啡因含量为磺胺类、四环素类、大环内酯类和喹诺酮类抗生素的 45～100 倍。与国内外其他主要河流及湖泊中 PPCPs 相比较，发现本研究选取 18 种 PPCPs 的含量处于中等污染水平。官厅水库上游河流表层水中 PPCPs 总浓度高于官厅水库，然而官厅水库沉积物中 PPCPs 的总浓度高于上游河流沉积物。应用 RQ 评价模型对 PPCPs 进行风险评价，发现红霉素在官厅水库及其上游河流中都具有中风险或高风险　高等级。在官厅水库及其上游河流沉积物中，对乙酰氨基酚、咖啡因、磺胺嘧啶、甲氧苄啶和泰乐菌素的风险商值均大于 1，其对底栖生物具有高风险。

北京城区河流及湖泊表层水中 PPCPs 浓度分别为 N. D. ～655 ng/L 和 N. D. ～252 ng/L，沉积物中 PPCPs 浓度分别为 N. D. ～510.2 ng/g 和 N. D. ～161.8 ng/g。其中咖啡因在表层水中的含量及检出率较高，为表层水中 PPCPs 主要污染物，对乙酰氨基酚和咖啡因在河流沉积物中含量及检出率较高，为河流沉积物中 10 种 PPCPs 的主要污染物。应用 RQ 模型对 10 种 PPCPs 进行风险评价，发现北京城区河流及湖泊表层水中的 10 种 PPCPs 的 RQ 值均低于 0.1，对河流水生生态环境具有低风险。对乙酰氨基酚、咖啡因、林可霉素（永定河、凉水河除外）、甲氧苄啶（永定河、西海除外）和阿奇霉素（亮马河除外）等对北京城区河流及湖泊沉积物中底栖水生生物具有高风险；其余化合物对底栖生物具有中等风险或无风险。

第4章 海河流域湖库型水源地中PPCPs的分布状况与潜在风险

水是生命之源、生产之要、生态之基。2014年2月,习近平总书记就我国水资源保护问题做出了明确指示,提出要坚持“以水定城、以水定地、以水定人、以水定产”的水资源、水生态、水环境管理原则。习近平总书记站在党和国家事业发展全局的战略高度,论述了治水对民族发展和国家兴盛的极端重要性,深刻分析了当前我国水安全的严峻形势,系统阐释了保障国家水安全的总体要求,明确提出了新时期治水的新思路,为我国强化水治理、保障水安全指明了方向;为深入贯彻落实党的十九大关于保障水安全和生态文明建设的总体要求,坚持以生态优先、绿色发展为导向,坚决打好污染防治攻坚战,切实加强水污染防治,持续改善水环境质量,保障人民群众饮水安全;同时为深入贯彻落实党中央、国务院决策部署,加强新污染物治理,切实保障生态环境安全和人民健康,2022年5月4日,国务院办公厅发布了《新污染物治理行动方案》,旨在加强国内外广泛关注的新污染物(主要包括国际公约管控的持久性有机污染物、内分泌干扰物、抗生素等)监测、潜在环境风险评价及治理等相关工作;为客观分析和科学判断海河流域湖库型水源地中PPCPs的赋存状况和存在问题,本书在海河流域33个湖库型水源地开展了PPCPs的检测与分析工作,并对其产生影响进行分析,以期为当地生态文明建设及保障人民群众饮水安全方面提供技术与数据支持。

4.1 样品采集

2017年4~5月,采集海河流域所有部颁水源地水样品,采样点位信息见表4.1及图4.1。

表4.1 海河流域水源地采样点详细位置信息

序号	样品编号	采样点坐标	采样日期/(年.月.日)	所在地区
1	MYSK	116°52′15.60″E 40°31′20.784″N	2017.04.12	北京市
2	HRSK	116°36′46.44″E 40°18′44.568″N	2017.04.07	北京市
3	JMHSY	115°45′17.388″E 39°32′6.792″N	2017.04.17	北京市
4	BHBSK	116°10′48.756″E 40°39′2.916″N	2017.05.10	北京市
5	YQSK	117°27′4.651 2″E 40°1′50.736″N	2017.05.10	天津市
6	EWZSK	117°21′30.708″E 39°24′34.164″N	2017.05.10	天津市
7	GNSK	113°56′51.936″E 38°20′8.843″N	2017.04.12	河北省石家庄市
8	HBZSK	114°17′1.859″E 38°15′21.384″N	2017.04.12	河北省石家庄市
9	PJKSK	118°19′26.184″E 40°26′23.64″N	2017.05.10	河北省唐山市
10	DHTSK	118°17′52.26″E 40°13′52.536″N	2017.05.10	河北省唐山市
11	DHSK	118°17′49.236″E 39°45′6.228″N	2017.05.10	河北省唐山市
12	TLKSK	119°4′11.28″E 40°9′55.836″N	2017.05.10	河北省秦皇岛市

续表 4.1

序号	样品编号	采样点坐标	采样日期/(年.月.日)	所在地区
13	YHSK	119°13′23.628″E　40°0′49.68″N	2017.05.10	河北省秦皇岛市
14	SHSK	119°41′16″E　40°2′19.32″N	2017.05.10	河北省秦皇岛市
15	YCSK01	114°11′20.58″E　36°15′31.284″N	2017.04.24	河北省邯郸市
16	XDYSK	114°46′34.428″E　38°44′22.992″N	2017.04.12	河北省保定市
17	WKSK	114°30′8.316″E　38°22′22.992″N	2017.04.11	河北省保定市
18	DLDSK	116°49′58.116″E　38°6′44.424″N	2017.05.04	河北省沧州市
19	YCSK02	117°8′6.9″E　38°9′37.188″N	2017.04.20	河北省沧州市
20	QYHSK	117°4′4.26″E　37°9′47.916″N	2017.04.18	山东省济南市
21	XJHSK	116°20′34.619 9″E　37°9′47.916″N	2017.04.18	山东省德州市
22	QYSK	117°30′13.14″E　37°51′45.612″N	2017.04.17	山东省德州市
23	DDSK	116°28′43.14″E　37°17′16.692″N	2017.04.17	山东省德州市
24	YAZSK	117°10′23.7″E　37°37′44.795″N	2017.04.17	山东省德州市
25	SYHSK	118°3′12.995″E　37°44′7.692″N	2017.04.19	山东省滨州市
26	SJWSK	117°38′27.982″E　37°44′54.492″N	2017.04.19	山东省滨州市
27	SWHSK	118°27′31.895″E　37°2′33.252″N	2017.04.18	山东省滨州市
28	XHHSK	117°36′55.354″E　37°38′45.492″N	2017.04.19	山东省滨州市
29	XFSK	117°36′29.808″E　37°38′42.036″N	2017.04.19	山东省滨州市
30	XHSK	118°27′31.895″E　37°2′33.252″N	2017.04.18	山东省滨州市
31	DJSK	118°5′9.707″E　37°24′37.584″N	2017.04.19	山东省滨州市
32	PSTSK	114°3′28.836″E　35°50′32.424″N	2017.04.24	河南省鹤壁市
33	GSSK	113°40′19.632″E　35°56′22.632″N	2017.04.24	河南省安阳市

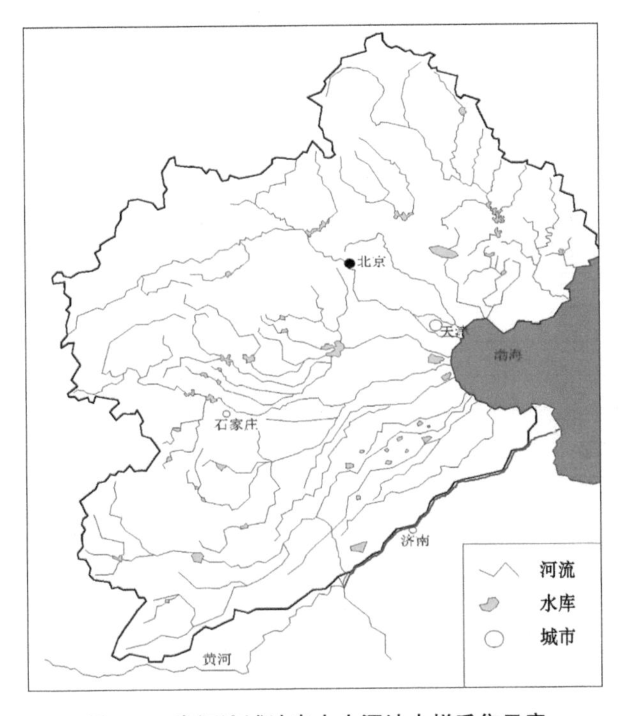

图 4.1　海河流域地表水水源地水样采集示意

4.2　结果与讨论

4.2.1　海河流域水源地水中 PPCPs 分布特征

海河流域水源地表层水中 PPCPs 的检出见表 4.2。在选取的 PPCPs 化合物中，有 10 种 PPCPs 在海河流域水源地水体中有检出，分别为对乙酰氨基酚、咖啡因、卡马西平、磺胺甲恶唑、四环素、金霉素、强力霉素、红霉素、氧氟沙星、林可霉素，其在海河流域所有部颁水源地中的检出率分别为 39.4%、69.4%、24.2%、66.7%、9.1%、36.4%、6.1%、24.2%、15.2%、27.3%。咖啡因和磺胺甲恶唑检出率均大于 50%，其余化合物的检出率均低于 50%。从 PPCPs 检出浓度看，对乙酰氨基酚的检出浓度最高，为 318.4 ng/L。

表 4.2　海河流域地表水源地水体中 PPCPs 的检出情况

化合物	样品数/个	检出个数/个	检出率(%)	极小值/(ng/L)	极大值/(ng/L)
对乙酰氨基酚 ACE	33	12	36.4	N. D.	318.4
咖啡因 CAF	33	23	69.7	N. D.	55.8
地尔硫卓 DTZ	33	0	0	N. D.	N. D.
卡马西平 CBZ	33	8	24.2	N. D.	3.22
氟西汀 FXT	33	0	0	N. D.	N. D.
磺胺嘧啶 SDZ	33	0	0	N. D.	N. D.
磺胺甲恶唑 SMX	33	22	66.7	N. D.	64.1
磺胺嘧啶 SMZ	33	0	0	N. D.	N. D.
土霉素 OXY	33	0	0	N. D.	N. D.
四环素 TC	33	3	9.1	N. D.	16.1
金霉素 CTC	33	12	36.4	N. D.	21.9
阿奇霉素 AZM	33	0	0	N. D.	N. D.
强力霉素 DOX	33	2	6.1	N. D.	27.5
红霉素 ERY	33	8	24.2	N. D.	4.64
泰乐菌素 TYL	33	0	0	N. D.	N. D.
氧氟沙星 OFL	33	5	15.2	N. D.	31.8
林可霉素 LIN	33	9	27.3	N. D.	122.6
甲氧苄啶 TMP	33	0	0	N. D.	N. D.
布洛芬 IBU	33	0	0	N. D.	N. D.
吉非罗齐 GEM	33	0	0	N. D.	N. D.
萘普生 NAP	33	0	0	N. D.	N. D.
三氯生 TCS	33	0	0	N. D.	N. D.
三氯卡班 TCC	33	0	0	N. D.	N. D.
雌酮 E1	33	0	0	N. D.	N. D.
17β-雌二醇 17β-E2	33	0	0	N. D.	N. D.
17α-雌二醇 17α-E2	33	0	0	N. D.	N. D.
炔雌醇 EE2	33	0	0	N. D.	N. D.
雌酮 E3	33	0	0	N. D.	N. D.

注：N. D. 表示低于检出限。

海河流域水源地表层水中 PPCPs 总浓度见图 4.2。在海河流域各水源地表层水中，

YCSK水中药物的总检出浓度最高，为199.9 ng/L，总检出浓度超过100 ng/L的水库有XHSK、XFSK、QYHSK，其总检出浓度分别为141.4 ng/L、129.8 ng/L、106.1 ng/L，WKSK水体中PPCPs含量最低，为16.5 ng/L。

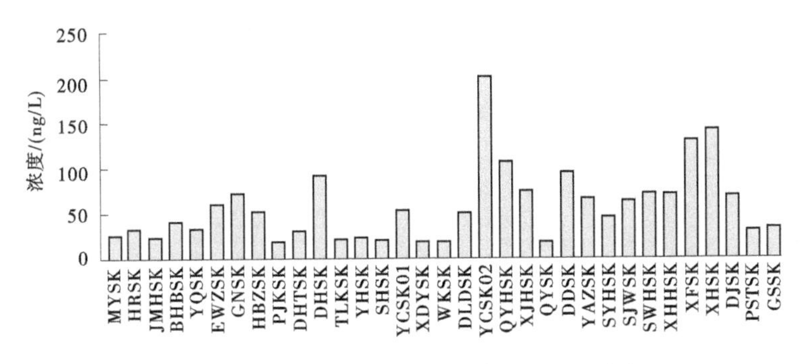

图4.2　海河流域各水源地28种PPCPs总浓度

从海河流域水源地表层水中各单体目标化合物总浓度看，地尔硫卓、氟西汀、磺胺嘧啶、磺胺二甲嘧啶、土霉素、阿奇霉素、泰乐菌素和甲氧苄啶、布洛芬、萘普生、吉非罗齐、三氯生、三氯卡班、雌酮、雌二醇、炔雌醇、雌三醇均未检出，其余10种PPCPs化合物的浓度分布见图4.3。从图4.3中可知，对乙酰氨基酚的浓度最高，为1 157 ng/L；卡马西平检出浓度最低，为20.4 ng/L；其余8种PPCPs化合物的检出浓度介于它们之间。

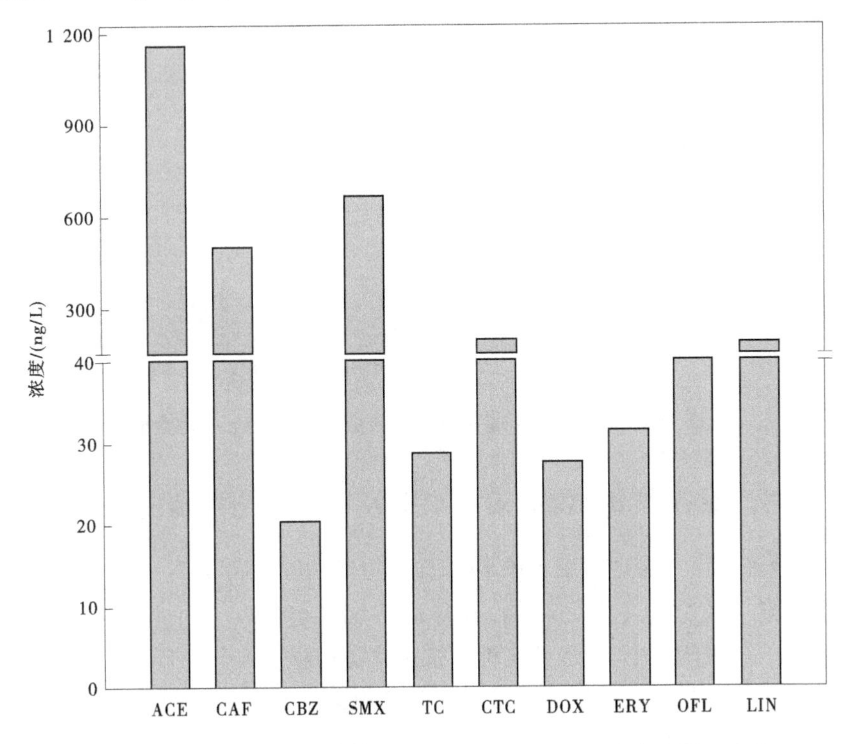

图4.3　海河流域33个水源地表层水中10种单体目标化合物的总浓度

从海河流域各省水源地表层水中PPCPs平均含量(见图4.4)可知，山东省水源地表层水中 PPCPs 平均含量最高,为 78. 3 ng/L;北京市和河南省水源地表层水中 PPCPs 平均含量最低,分别为 30. 0 ng/L 和 30. 7 ng/L;天津市和河北省水源地表层水中 PPCPs 平均含量分别为 45. 6 ng/L 和 50. 6 ng/L。山东省水源地表层水中 PPCPs 平均含量最高,可能是由于山东省水源地大部分处于平原地区,并且大部分为人工开挖水库,其水源主要来自黄河水或区域内支流,可能会受到人类活动的轻微影响;北京市和河南省水源地水体中 PPCPs 平均含量最低,可能是由于北京市的 MYSK、HRSK、BHBSK 及 JMHSK 水源地和河南省的 GSSK 及 PSTSK 水源地均处于山区,受到的人为影响较平原区水库小,所以其水体中的 PPCPs 含量较平原区水库低。

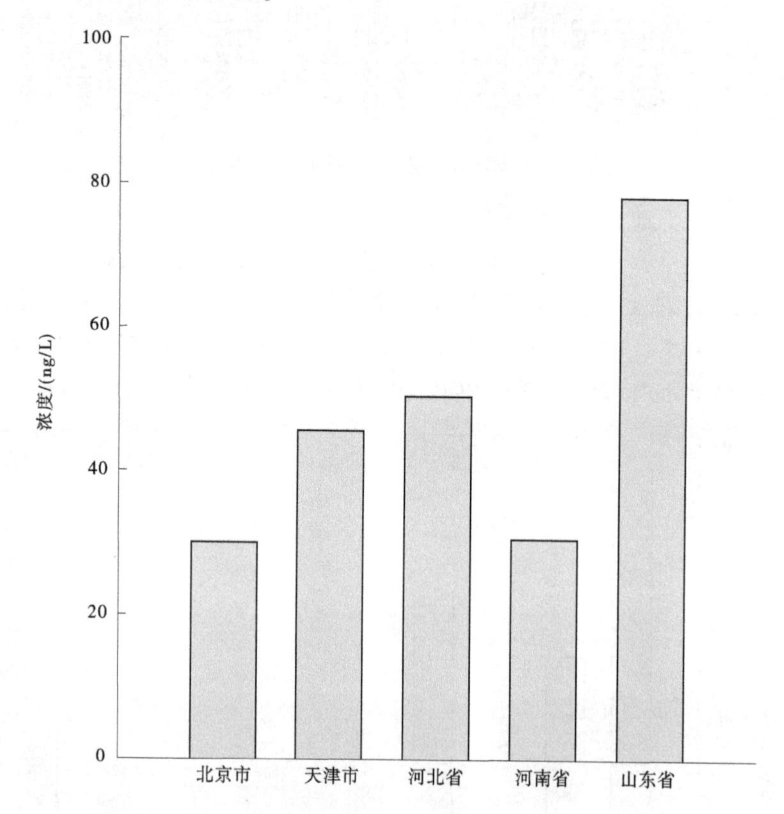

图 4. 4 海河流域各省市水源地表层水中 PPCPs 平均含量

4. 2. 2 海河流域各省市水源地表层水中各 PPCPs 组成情况

海河流域各省市水源地表层水中 PPCPs 的组成情况见图 4. 5。山东省和河南省水源地中,非抗生素类药物为主要污染物,其平均浓度占 PPCPs 总平均浓度的比例分别为 66%和 100%。在本研究中,选取的 5 种非抗生素类药物在人们的日常生活中使用非常广泛,其在山东省及河南省水源地中的检出率及检出浓度较高;在北京市、天津市及河北省水源地中的平均浓度占 PPCPs 总平均浓度的比例分别为 17%、3%和 25%,其占比低于山东省及河南省。磺胺类抗生素在北京市、天津和山东省地表水水源地中都有检出,且其平均浓度占 PPCPs 总平均浓度的比例分别为 83%、48%和 25%;在河南省与河北省的水源地表层水中，均没有检出磺胺类抗生素。四环素类抗生素在天津市、河北省和山东省水源地中有检出，其平均浓度占PPCPs总平均浓度的比例分别为49%、53%和5%；在北京市和河南省水源地中，四环素类抗生素均没有检出。大环内酯类抗生素在海河流域水源地检出率及检出浓度均较低，只有在山东省水源地中有部分检出。喹诺酮类抗生素也仅在河北省部分水源地水体中有检出，其检出率及检出浓度均较低。抗菌剂和雌激素等均没有在海河流域水源地表层水中检出。

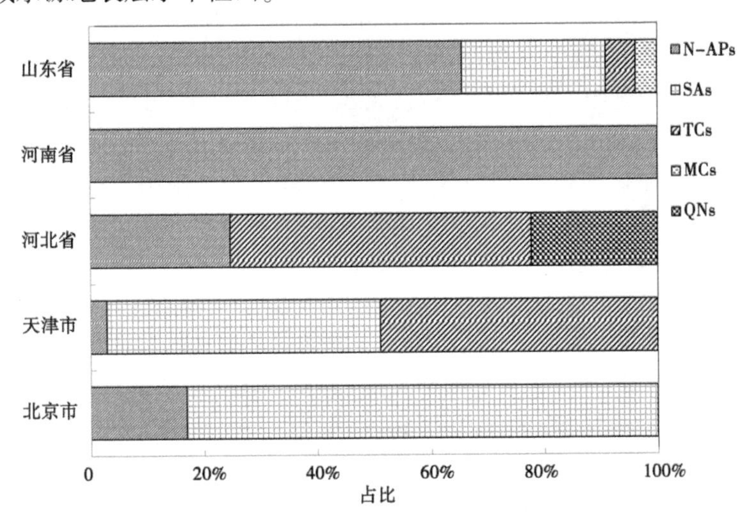

N-APs—非抗生素类药物；SAs—磺胺类抗生素；TCs—四环素类抗生素。
MCs—大环内酯类抗生素；QNs—喹诺酮类抗生素。

图4.5 PPCPs在海河流域各省水源地表层水中的成分分布图

4.2.2.1 北京市水源地

在北京市水源地中，非抗生素类药物（对乙酰氨基酚、咖啡因、卡马西平、地尔硫卓、氟西汀）只有咖啡因有检出，且其平均浓度为11.2 ng/L，其余4种非抗生素类药物均未检出。4种四环素类抗生素（土霉素、四环素、金霉素、强力霉素）有3种有检出，其中四环素仅在BHBSK中有检出，其检出浓度为16.1 ng/L；金霉素在MYSK和HRSK中有检出，其检出浓度分别为21.9 ng/和18.5 ng/L；强力霉素仅在BHBSK有检出，其检出浓度为18.7 ng/L；磺胺类、大环内酯类和喹诺酮类抗生素在北京市水源地水体中均未检出。

4.2.2.2 天津市水源地

本研究只在天津市采集了两个水源地水样，分别为YQSK和EWZSK。在天津市水源地中，在非抗生素类药物中，仅对乙酰氨基酚在YQSK中有检出，其浓度为2.84 ng/L；4种四环素类抗生素有2种被检出，金霉素在YQSK水体中有检出，且其浓度为17.8 ng/L，强力霉素在EWZSK中有检出，其浓度为27.5 ng/L；氧氟沙星为本研究选取的唯一一种喹诺酮类抗生素，其在天津市YQSK和EWZSK两个水源地中均有检出，其浓度分别为14.2 ng/L和31.8 ng/L；磺胺类和大环内酯类抗生素在天津市水源地水体中均为未检出。

4.2.2.3 河南省水源地

本研究在河南省采集了2个水源地水样，分别为PSTSK和GSSK。在河南省水源地中，在非抗生素类药物中，仅对乙酰氨基酚和咖啡因在两个水库中都有检出，对乙酰氨基酚在 PSTSK 和 GSSK 水体中浓度分别为 318.5 ng/L 和 82.3 ng/L，咖啡因的含量分别为 29.6 ng/L 和 31.8 ng/L；磺胺类、四环素类、大环内酯类和喹诺酮类抗生素在河南省两个水源地水体中均为未检出。

4.2.2.4 河北省水源地

本研究在河北省采集了 13 个水源地水样，经过检测分析，在非抗生素类药物中，仅咖啡因和卡马西平这两种药物在河北省部分水源地中有检出，GNSK、HBZSK、YCSK、XDYSK、WKSK 和 YCSK 中均有咖啡因的检出，其浓度为 3.63～38.0 ng/L；PJKSK 和 YCSK 中有卡马西平的检出，其浓度分别为 2.36 ng/L 和 2.07 ng/L。4 种磺胺类抗生素中，仅磺胺甲恶唑在河北省部分水库中有检出，其余 3 种磺胺类抗生素在河北省水源地中均未检出，其中磺胺甲恶唑在 PJKSK、XDYSK 和 WKSK 中未检出，在其余 10 个水样中的浓度为 8.92～58.2 ng/L。在 4 种四环素类抗生素中，四环素和金霉素在河北省部分水源地中有检出，其中四环素在 DHSK 和 DLDSK 中有检出，其浓度分别为 14.1 ng/L 和 14.7 ng/L；金霉素在 GNSK、DHSK、YCSK 和 DLDSK 中有检出，其浓度为 20.7 ng/L、17.9 ng/L、17.6 ng/L 和 19.5 ng/L。4 种大环内酯类抗生素在河北省水源地中部分水库中有检出，其中红霉素和林可霉素在 GNSK、HBZSK 和 YCSK 中都有检出，其浓度分别为 3.19 ngL/、3.88 ng/L 和 4.29 ng/L，3.32 ng/L、4.37 ng/L 和 122.6 ng/L。氧氟沙星是本研究中选取的唯一一种喹诺酮类抗生素，其在 PJKSK、YCSK 和 XDYSK 中有检出，其浓度分别为 15.3 ng/L、16.5 ng/L 和 14.1 ng/L。

4.2.2.5 山东省水源地

采集山东省 12 个水源地水样，经过检测分析，在非抗生素类药物中，对乙酰氨基酚、咖啡因和卡马西平等 3 种药物在山东省部分水源地中有检出，对乙酰氨基酚在 QYHSK、XJHSK 和 QYSK 中未检出，在其余 9 个水源地中均有不同程度的检出，其检出浓度范围为 43.9～145.8 ng/L；咖啡因仅在 QYSK 中未检出，在其余 11 个水源地中均有不同程度的检出，其检出浓度为 2.33～55.8 ng/L；卡马西平在 QYHSK、XJHSK、DDSK、XHHSK、XFSK 和 XHSK 中有检出，其浓度为 2.30～3.22 ng/L。在 4 种磺胺类抗生素中，仅有磺胺甲恶唑在山东省水源地中检出，并且其检出率为 100%，其浓度为 10.7～64.1 ng/L。在 4 种四环素类抗生素中，红霉素在 QYHSK、DDSK、XHHSK、XFSK 和 XHSK 中有检出，其浓度分别为 3.38 ng/L、3.41 ng/L、4.60 ng/L、4.64 ng/L 和 4.10 ng/L；林可霉素在 QYHSK、XJHSK、QYSK、YAZSK、XHHSK 和 XHSK 中有检出，其浓度为 2.95～14.5 ng/L。喹诺酮类抗生素在山东省各个水源地中均未检出。

4.2.3 海河流域水源地表层水中 PPCPs 潜在风险

应用 RQ 风险商值评价模型来计算所选取 PPCPs 在海河流域水源地表层水中的风险状况，结果见表 4.3。从表 4.3 可知，海河流域水源地表层水中 PPCPs 的风险商值除红霉素在 YCSK、XHHSK、XFSK 和 XHSK 中显示较低、中等风险外，其余化合物在海河流域水源地表层水中的 RQ 值均小于 0.01，均对水环境中生物及微生物不存在任何风险。

表4.3　海河流域地表水源地表层水中PPCPs的PNEC及风险商值

化合物	PNEC/(μg/L)	风险商值(RQ)										
		MYSK	HRSK	JMHSK	BHBSK	YQSK	EWZSK	GNSK	HBZSK	PJKSK	DHTSK	DHSK
对乙酰氨基酚 ACE	9.2	0	0	0	0	3.09×10^{-4}	0	0	0	0	0	0
咖啡因 CAF	69	3.76×10^{-5}	2.01×10^{-4}	3.37×10^{-4}	7.57×10^{-5}	0	0	3.47×10^{-4}	3.01×10^{-4}	0	0	0
地尔硫卓 DTZ	8.2	0	0	0	0	0	0	0	0	0	0	0
卡马西平 CBZ	31.6	0	0	0	0	0	0	0	0	7.46×10^{-5}	0	0
氟西汀 FXT	41	0	0	0	0	0	0	0	0	0	0	0
磺胺嘧啶 SDZ	10	0	0	0	0	0	0	0	0	0	0	0
磺胺甲恶唑 SMX	20	0	0	0	0	0	0	1.01×10^{-3}	1.15×10^{-3}	0	1.48×10^{-3}	2.91×10^{-3}
磺胺二甲嘧啶 SMZ	15.63	0	0	0	0	0	0	0	0	0	0	0
甲氧苄啶 TMP	1	0	0	0	0	0	0	0	0	0	0	0
土霉素 OXY	2	0	0	0	0	0	0	0	0	0	0	0
四环素 TC	3 400	0	0	0	4.73×10^{-6}	0	0	0	0	0	0	4.14×10^{-6}
金霉素 CTC	5	4.37×10^{-3}	3.69×10^{-3}	0	0	3.55×10^{-3}	0	4.14×10^{-3}	0	0	0	3.58×10^{-3}
强力霉素 DOX	430	0	0	0	4.35×10^{-5}	0	6.40×10^{-5}	0	0	0	0	0
阿奇霉素 AZM	0.454	0	0	0	0	0	0	0	0	0	0	0

续表 4.3

化合物	PNEC/（μg/L）	风险商值(RQ)										
		MYSK	HRSK	JMHSK	BHBSK	YQSK	EWZSK	GNSK	HBZSK	PJKSK	DHTSK	DHSK
红霉素 ERY	0.04	0	0	0	0	0	0	7.97×10^{-2}	9.69×10^{-2}	0	0	0
泰乐菌素 TYL	0.34	0	0	0	0	0	0	0	0	0	0	0
林可霉素 LIN	13.98	0	0	0	0	0	0	2.37×10^{-4}	3.12×10^{-4}	0	0	0
氧氟沙星 OFL	100	0	0	0	0	1.42×10^{-4}	3.18×10^{-4}	0	0	1.53×10^{-4}	0	0
布洛芬 IBU	1.65	0	0	0	0	0	0	0	0	0	0	0
萘普生 NAP	2.62	0	0	0	0	0	0	0	0	0	0	0
吉非罗齐 GEM	0.90	0	0	0	0	0	0	0	0	0	0	0
三氯生 TCS	0.69	0	0	0	0	0	0	0	0	0	0	0
三氯卡班 TCC	1.90	0	0	0	0	0	0	0	0	0	0	0
雌酮 E1	6.0×10	0	0	0	0	0	0	0	0	0	0	0
17α-雌二醇 17α-E2	2.0×10	0	0	0	0	0	0	0	0	0	0	0
17β-雌二醇 17β-E2	2.0×10	0	0	0	0	0	0	0	0	0	0	0
炔雌醇 EE2	2.0×10	0	0	0	0	0	0	0	0	0	0	0
雌三醇 E3	7.5×10	0	0	0	0	0	0	0	0	0	0	0

续表 4.3

化合物	PNEC/(μg/L)	风险商值(RQ)										
		TLKSK	YHSK	SHSK	YCSK01	XDYSK	WKSK	DLDSK	YCSK02	QYHSK	XJHSK	QYSK
对乙酰氨基酚 ACE	9.2	0	0	0	0	0	0	0	0	0	0	0
咖啡因 CAF	69	0	0	0	1.23×10^{-4}	5.263×10^{-5}	2.39×10^{-4}	0	5.50×10^{-4}	3.26×10^{-4}	1.30×10^{-4}	0
地尔硫卓 DTZ	8.2	0	0	0	0	0	0	0	0	0	0	0
卡马西平 CBZ	31.6	0	0	0	0	0	0	0	6.54×10^{-5}	1.02×10^{-4}	8.05×10^{-5}	0
氟西汀 FXT	41	0	0	0	0	0	0	0	0	0	0	0
磺胺嘧啶 SDZ	10	0	0	0	0	0	0	0	0	0	0	0
磺胺甲恶唑 SMX	20	9.77×10^{-4}	1.08×10^{-3}	9.77×10^{-4}	4.46×10^{-4}	0	0	7.41×10^{-4}	1.65×10^{-3}	3.20×10^{-3}	2.36×10^{-3}	6.93×10^{-4}
磺胺二甲嘧啶 SMZ	15.63	0	0	0	0	0	0	0	0	0	0	0
甲氧苄啶 TMP	1	0	0	0	0	0	0	0	0	0	0	0
土霉素 OXY	2	0	0	0	0	0	0	4.32×10^{-6}	0	0	0	0
四环素 TC	3 400	0	0	0	3.51×10^{-3}	0	0	3.89×10^{-3}	0	0	0	0
金霉素 CTC	5	0	0	0	0	0	0	0	0	0	0	0
强力霉素 DOX	430	0	0	0	0	0	0	0	0	0	0	0
阿奇霉素 AMZ	0.454	0	0	0	0	0	0	0	0	0	0	0

续表 4.3

化合物	PNEC/（μg/L）	风险商值（RQ）										
		TLKSK	YHSK	SHSK	YCSK01	XDYSK	WKSK	DLDSK	YCSK02	QYHSK	XJHSK	QYSK
红霉素 ERY	0.04	0	0	0	0	0	0	0	0.107	8.46×10^{-2}	0	0
泰乐菌素 TYL	0.34	0	0	0	1.65×10^{-4}	1.41×10^{-4}	0	0	0	0	0	0
林可霉素 LIN	13.98	0	0	0	0	0	0	0	8.77×10^{-3}	9.27×10^{-4}	1.03×10^{-3}	2.11×10^{-4}
氧氟沙星 OFL	100	0	0	0	0	0	0	0	0	0	0	0
布洛芬 IBU	1.65	0	0	0	0	0	0	0	0	0	0	0
萘普生 NAP	2.62	0	0	0	0	0	0	0	0	0	0	0
吉非罗齐 GEM	0.90	0	0	0	0	0	0	0	0	0	0	0
三氯生 TCS	0.69	0	0	0	0	0	0	0	0	0	0	0
三氯卡班 TCC	1.90	0	0	0	0	0	0	0	0	0	0	0
雌酮 E1	6.0×10^{-3}	0	0	0	0	0	0	0	0	0	0	0
17α-雌二醇 17α-E2	2.0×10^{-5}	0	0	0	0	0	0	0	0	0	0	0
17β-雌二醇 17β-E2	2.0×10^{-5}	0	0	0	0	0	0	0	0	0	0	0
炔雌醇 EE2	2.0×10^{-5}	0	0	0	0	0	0	0	0	0	0	0
雌三醇 E3	7.5×10^{-4}	0	0	0	0	0	0	0	0	0	0	0

续表 4.3

化合物	PNEC/(μg/L)	风险商值(RQ)										
		DDSK	YAZSK	SYHSK	SJWSK	SWHSK	XHHSK	XFSK	XHSK	DJSK	PSTSK	GSSK
对乙酰氨基酚 ACE	9.2	8.15×10^{-3}	9.78×10^{-3}	8.07×10^{-3}	9.59×10^{-3}	5.89×10^{-3}	1.58×10^{-2}	9.25×10^{-3}	4.77×10^{-3}	1.05×10^{-2}	3.46×10^{-2}	8.95×10^{-3}
咖啡因 CAF	69	4.86×10^{-4}	3.42×10^{-5}	4.93×10^{-4}	6.87×10^{-4}	5.67×10^{-4}	3.37×10^{-5}	8.09×10^{-4}	7.25×10^{-4}	4.52×10^{-4}	4.28×10^{-4}	4.61×10^{-4}
地尔硫卓 DTZ	8.2	0	0	0	0	0	0	0	0	0	0	0
卡马西平 CBZ	31.6	7.07×10^{-5}	0	0	0	0	7.28×10^{-5}	8.71×10^{-5}	9.29×10^{-5}	0	0	0
氟西汀 FXT	41	0	0	0	0	0	0	0	0	0	0	0
磺胺嘧啶 SDZ	10	0	0	0	0	0	0	0	0	0	0	0
磺胺甲恶唑 SMX	20	1.75×10^{-3}	1.68×10^{-3}	5.37×10^{-4}	7.36×10^{-4}	1.56×10^{-3}	2.26×10^{-3}	2.24×10^{-3}	2.98×10^{-3}	8.74×10^{-4}	0	0
磺胺二甲嘧啶 SMZ	15.63	0	0	0	0	0	0	0	0	0	0	0
甲氧苄啶 TMP	1	0	0	0	0	0	0	0	0	0	0	0
土霉素 OXY	2	0	0	0	0	0	0	0	0	0	0	0
四环素 TC	3 400	3.93×10^{-3}	4.26×10^{-3}	0	0	0	0	4.36×10^{-3}	4.03×10^{-3}	3.87×10^{-3}	0	0
金霉素 CTC	5	0	0	0	0	0	0	0	0	0	0	0
强力霉素 DOX	430	0	0	0	0	0	0	0	0	0	0	0
阿奇霉素 AZM	0.454	0	0	0	0	0	0	0	0	0	0	0

续表 4.3

化合物	PNEC/(μg/L)	风险商值(RQ)										
		DDSK	YAZSK	SYHSK	SJWSK	SWHSK	XHHSK	XFSK	XHSK	DJSK	PSTSK	GSSK
红霉素 ERY	0.04	8.46×10^{-2}	0	0	0	0	1.15×10^{-1}	1.16×10^{-1}	1.03×10^{-1}	0	0	0
泰乐菌素 TYL	0.34	0	0	0	0	0	0	0	0	0	0	0
林可霉素 LIN	13.98	0	5.15×10^{-4}	0	0	0	1.03×10^{-3}	0	3.25×10^{-4}	0	0	0
氧氟沙星 OFL	100	0	0	0	0	0	0	0	0	0	0	0
布洛芬 IBU	1.65	0	0	0	0	0	0	0	0	0	0	0
萘普生 NAP	2.62	0	0	0	0	0	0	0	0	0	0	0
吉非罗齐 GEM	0.90	0	0	0	0	0	0	0	0	0	0	0
三氯生 TCS	0.69	0	0	0	0	0	0	0	0	0	0	0
三氯卡班 TCC	1.90	0	0	0	0	0	0	0	0	0	0	0
雌酮 E1	6.0×10^{-3}	0	0	0	0	0	0	0	0	0	0	0
17α-雌二醇 17α-E2	2.0×10^{-5}	0	0	0	0	0	0	0	0	0	0	0
17β-雌二醇 17β-E2	2.0×10^{-5}	0	0	0	0	0	0	0	0	0	0	0
炔雌醇 EE2	2.0×10^{-5}	0	0	0	0	0	0	0	0	0	0	0
雌三醇 E3	7.5×10^{-4}	0	0	0	0	0	0	0	0	0	0	0

4.3　本章小结

应用超高效液相色谱-串联三重四极杆质谱联用技术对海河流域 33 个水源地表层水样进行检测发现，选取的 28 种 PPCPs 目标化合物有 10 种检出，其浓度为 N. D. ~318. 4 ng/L，检出率为 0~66. 7%。

从海河流域 33 个水源地 PPCPs 总浓度看，YCSK 水体中药物的总浓度最高，为 199. 9 ng/L，总浓度超过 100 ng/L 的水库有 XHSK、XFSK、QYHSK，其总浓度分别为 141. 4 ng/L、129. 8 ng/L、106. 1 ng/L，WKSK 水体中 PPCPs 浓度最低，为 16. 5 ng/L。

从各 PPCPs 指标来看，咖啡因和磺胺甲恶唑的检出率均大于 50%，其他 8 种 PPCPs 的检出率均小于 50%。

应用风险商值模型对海河流域所有部颁水源地表层水中 PPCPs 存在的潜在风险进行评价，发现海河流域水源地表层水中选取的 PPCPs 除红霉素在 YCSK、XHHSK、XFSK 和 XHSK 中显示较低、中等风险外，其余化合物均不存在生态风险。

第 5 章　海河流域典型区域地下水中 PPCPs 分布状况及与其他区域比较

5.1　研究区域概况

张家口位于中国河北省西北部，地处京、冀、晋、蒙四省（市、区）交界处，东经 113°50′~116°30′，北纬 39°30′~42°10′。张家口市地势西北高、东南低，阴山山脉横贯中部，将全市划分为坝上、坝下两部分。张家口市属于半干旱地区，水资源严重不足，全市多年平均自产水资源总量为 17.99 亿 m^3，其中，地表水资源量为 11.62 亿 m^3，地下水资源量为 11.91 亿 m^3（地表、地下重复水量 5.53 亿 m^3），人均水资源占有量较少，不足全国平均水平的 1/5。

秦皇岛市位于河北省东北部，有“东北南大门”之称，地处北纬 39°24′~40°37′，东经 118°33′~119°51′。秦皇岛位于燕山山脉东段丘陵与山前平原地带，地势北高南低，形成北部山区—低山丘陵—山间盆地—冲积平原—沿海区。秦皇岛市流域面积大于 500 km^2 的河流有 6 条，滦河在秦皇岛市境内流域面积 3 773.7 km^2，水资源总量 16.40 亿 m^3（地表水 12.54 亿 m^3，地下水 7.45 亿 m^3，两者重复水量 3.59 亿 m^3）。

齐齐哈尔市位于黑龙江省西南部的松嫩平原，北纬 45°~48°，东经 122°~126°。齐齐哈尔地域平坦，平均海拔 146 m，东部和南部地势低洼。齐齐哈尔属于中温带大陆性季风气候。四季分明，春季干旱多风，夏季炎热多雨，秋季短暂霜早，冬季干冷漫长。年降水量 415 mm，年均温 3.2 ℃，7 月均温 22.8 ℃。齐齐哈尔市地势北高南低，北部和西部是小兴安岭南麓，中部和南部为嫩江冲积平原。齐齐哈尔市主要江河有嫩江、诺敏河、雅鲁河、音河等 170 余条。齐齐哈尔市入境水总量丰沛，地下含水层有 15 个。在平原潜水分布区，含水层调蓄能力强，补给量充沛，地下水埋藏浅，且水质较好，满足饮用水要求。

5.2　样品采集

课题组于 2017 年 8 月 5 日在海河流域张家口地区和 2017 年 11 月 6~7 日在秦皇岛地区采集地下水；松辽流域地下水由当地水文部门负责采集，样品采集后尽快寄送到实验室，采样点具体信息见表 5.1。

地下水采集方法及流程：地下水水质监测通常采集瞬时水样，到达地下水监测井后，首先对监测井进行拍照及背景资料的收集，对监测井的水位和井深进行测量，并计算出监测井井柱水体积。对一些未经常使用，放置三个月以上的监测井要进行 1 次充分洗井。从地下水监测井中采集水样，必须在充分洗井后进行，洗井地下水用量不少于 3~5 倍的井体积，目的是去除地下水中较细颗粒物质，以防堵塞监测井并促进与监测区域之间的水力连通。在每次洗井过程中，需要对抽取的地下水进行pH和水温等参数的现场检测。洗井过程需要持续到取出的地下水不混浊，细小颗粒物不再进入监测井中；洗出的每个井容积水的pH和水温或电导率和溶解氧连续三次的测量误差需小于10%，洗井工作才算完成。课题组在张家口和秦皇岛地区采集地下水使用的是潜水泵，在洗井完成后24 h之后进行地下水样品的采集。对一些经常使用的监测井，或者每次采样时间间隔不超过1周的监测井，在样品采集前只需要进行简单的洗井工作，待水质参数稳定后即可进行地下水样品的采集。洗井期间，地下水水质指标参数测量至少5次以上，直到最后连续3次符合各项水质指标参数的稳定标准。待洗井完毕并待地下水水质稳定后进行样品采集，采集4 L地下水样品盛放入棕色玻璃瓶中，加入一定量的盐酸，尽快运回实验室进行处理。

表5.1　海河流域和松辽流域地下水采样基本信息

序号	采样点编号	采样点坐标	采样日期（年.月.日）	采样深度/m	所在地区
1	ZJK01	114°44′44.16″E　41°17′26.88″N	2017.08.05	20	张家口市
2	ZJK02	114°20′44.88″E　41°17′21.12″N	2017.08.05	40	张家口市
3	ZJK03	115°4′17.76″E　40°40′32.16″N	2017.08.06	70	张家口市
4	ZJK04	114°4′24.96″E　40°35′14.28″N	2017.08.06	40	张家口市
5	CZ	120°39′42.10″E　40°33′59.4″N	2017.11.06	10	秦皇岛市
6	DZ	119°46′42.32″E　40°12′19.25″N	2017.11.06	12	秦皇岛市
7	SEB	120°28′36.17″E　40°15′52.4″N	2017.11.06	15	秦皇岛市
8	GQ	120°42′45.43″E　40°20′37.4″N	2017.11.06	12	秦皇岛市
9	XPP	120°10′23.41″E　40°15′38.5″N	2017.11.06	14	秦皇岛市
10	TS	120°55′58.63″E　40°50′18.24″N	2017.11.07	11	秦皇岛市
11	GDZ	120°11′12.10″E　40°9′47.46″N	2017.11.07	12	秦皇岛市
12	GT	120°14′39.46″E　40°21′54.25″N	2017.11.07	15	秦皇岛市
13	HB	120°34′19.96″E　40°25′16.76″N	2017.11.07	14	秦皇岛市
14	SHS	120°33′44.93″E　40°28′43.68″N	2017.11.07	10	秦皇岛市
15	XBMS	119°39′50.53″E　40°12′38.2″N	2017.11.07	10	秦皇岛市
16	SLW01	123°23′30″E　46°17′34″N	2017.11.27	50	齐齐哈尔市
17	SLW02	123°02′45″E　46°47′7.9″N	2017.11.27	59	齐齐哈尔市
18	SLW03	123°25′46″E　46°30′1″N	2017.11.27	20	齐齐哈尔市
19	SLW04	125°18′29″E　47°50′25″N	2017.11.27	25	齐齐哈尔市
20	SLW05	126°07′07″E　47°36′07″N	2017.11.27	24	齐齐哈尔市

续表 5.1

序号	采样点编号	采样点坐标	采样日期（年.月.日）	采样深度/m	所在地区
21	SLW06	126°23′58″E　47°24′43″N	2017.11.27	15	齐齐哈尔市
22	SLW07	125°28′31″E　47°54′04″N	2017.11.27	21	齐齐哈尔市
23	SLW08	123°08′38.4″E　47°17′29.1″N	2017.11.27	35	齐齐哈尔市
24	SLW09	122°41′12.8″E　47°27′22.3″N	2017.11.27	60	齐齐哈尔市
25	SLW10	123°07′33.89″E　48°07′33.9″N	2017.11.28	15	齐齐哈尔市
26	SLW11	123°27′56.30″E　47°57′24.8″N	2017.11.28	24	齐齐哈尔市
27	SLW12	123°59′4.42″E　48°0′34.10″N	2017.11.28	14	齐齐哈尔市
28	SLW13	123°32′40.70″E　47°45′58.2″N	2017.11.28	15	齐齐哈尔市
29	SLW14	125°43′49″E　47°33′20″N	2017.11.28	11	齐齐哈尔市
30	SLW15	125°21′00″E　47°28′12″N	2017.11.28	11	齐齐哈尔市

5.3　结果与讨论

5.3.1　张家口市和秦皇岛市地下水中 PPCPs 分布特征

张家口市和秦皇岛市地下水中 PPCPs 的含量见表 5.2。本研究选取的 PPCPs 化合物中，有 10 种 PPCPs 在张家口市和秦皇岛市地下水中有检出，分别为咖啡因、卡马西平、布洛芬、萘普生、吉非罗齐、磺胺甲恶唑、土霉素、四环素、金霉素和三氯生，其在海河流域这两个区域地下水中的检出率分别为 20%、20%、6.67%、33.3%、6.67%、33.3%、46.7%、20%、46.7%和 13.3%。所有 PPCPs 检出率均小于 50%；从 PPCPs 的极大检出浓度看，磺胺甲恶唑的检出浓度最高，为 19.3 ng/L；从 PPCPs 平均检出浓度看，金霉素平均检出浓度最高，为 4.26 ng/L。

表 5.2　海河流域（张家口市、秦皇岛市）地下水中 PPCPs 的检出情况

化合物	样品数/个	检出个数/个	检出率(%)	极小值/(ng/L)	极大值/(ng/L)	平均值/(ng/L)
对乙酰氨基酚 ACE	15	0	0	N.D.	N.D.	N.D.
咖啡因 CAF	15	3	20	N.D.	4.51	0.70
地尔硫卓 DTZ	15	0	0	N.D.	N.D.	N.D.
卡马西平 CBZ	15	3	20	N.D.	4.46	0.74
氟西汀 FXT	15	0	0	N.D.	N.D.	N.D.

续表 5.2

化合物	样品数/个	检出个数/个	检出率(%)	极小值/(ng/L)	极大值/(ng/L)	平均值/(ng/L)
布洛芬 IBU	15	1	6.67	N. D.	13.9	0.92
萘普生 NAP	15	5	33.3	N. D.	5.50	1.98
吉非罗齐 GEM	15	1	6.67	N. D.	10.0	0.67
磺胺嘧啶 SDZ	15	0	0	N. D.	N. D.	N. D.
磺胺甲恶唑 SMX	15	5	33.3	N. D.	19.3	2.86
磺胺二甲嘧啶 SMZ	15	0	0	N. D.	N. D.	N. D.
土霉素 OXY	15	7	46.7	N. D.	6.18	2.33
四环素 TC	15	3	20	N. D.	7.65	1.10
金霉素 CTC	15	7	46.7	N. D.	14.8	4.26
阿奇霉素 AZM	15	0	0	N. D.	N. D.	N. D.
强力霉素 DOX	15	0	0	N. D.	N. D.	N. D.
红霉素 ERY	15	0	0	N. D.	N. D.	N. D.
泰乐菌素 TYL	15	0	0	N. D.	N. D.	N. D.
氧氟沙星 OFL	15	0	0	N. D.	N. D.	N. D.
林可霉素 LIN	15	0	0	N. D.	N. D.	N. D.
甲氧苄啶 TMP	15	0	0	N. D.	N. D.	N. D.
三氯生 TCS	15	2	13.3	N. D.	2.46	0.20
三氯卡班 TCC	15	0	0	N. D.	N. D.	N. D.
雌酮 E1	15	0	0	N. D.	N. D.	N. D.
17β-雌二醇 17β-E2	15	0	0	N. D.	N. D.	N. D.
17α-雌二醇 17α-E2	15	0	0	N. D.	N. D.	N. D.
炔雌醇 EE2	15	0	0	N. D.	N. D.	N. D.
雌三醇 E3	15	0	0	N. D.	N. D.	N. D.

注:N. D. 表示低于检出限。

张家口市和秦皇岛市 15 个地下水样品中 PPCPs 总浓度见图 5.1。选取的 PPCPs 在 15 个地下水水体中总检出浓度为 N. D. ~41.9 ng/L,其中 ZJK01、ZJK03 和 GQ 采样点中的 PPCPs 总浓度最高,分别为 41.9 ng/L、40.2 ng/L 和 38.7 ng/L;GT 采样点检出浓度最低,选取的 PPCPs 化合物均为未检出。

从张家口与秦皇岛地下水中各单体 PPCPs 目标化合物总浓度来看,咖啡因、卡马西平、磺胺甲恶唑、土霉素、四环素、金霉素、布洛芬、吉非罗齐、三氯生与萘普生在 15 个地下水中有检出,其单体化合物浓度分布见图 5.2。从图 5.2 中可知,金霉素在 15 个地下水中的浓度最高,为 63.9 ng/L;三氯生的检出浓度最低,为 2.95 ng/L;其余 8 种 PPCPs 的总浓度介于它们之间。

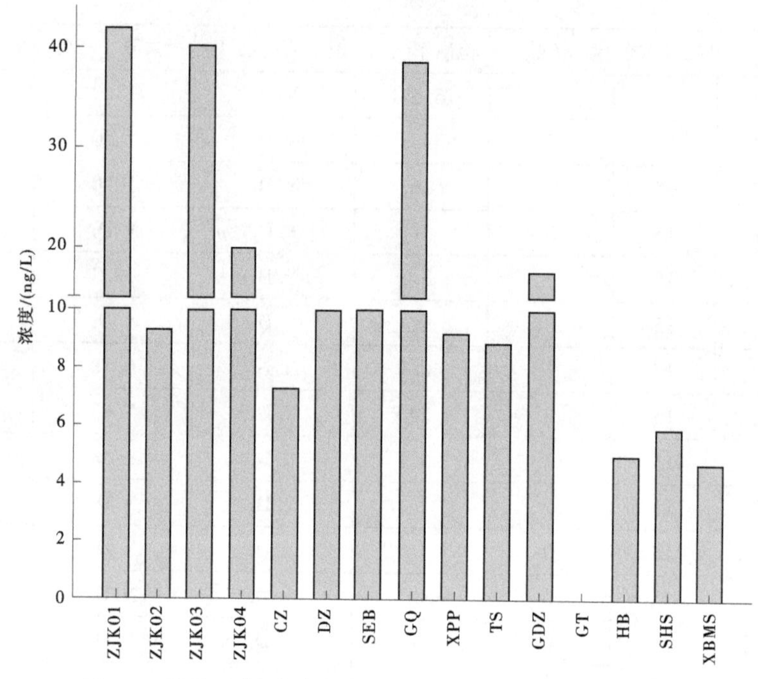

图 5.1　张家口市、秦皇岛市地下水中 28 种 PPCPs 的总浓度

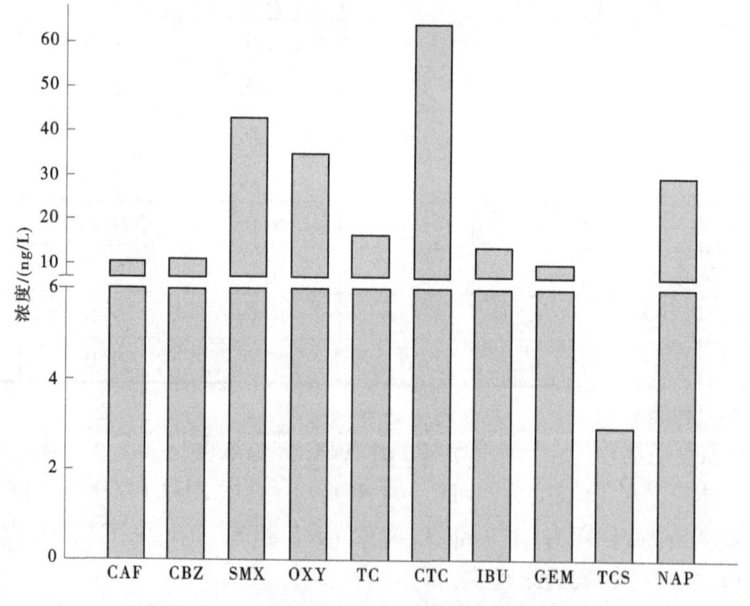

图 5.2　张家口市和秦皇岛市地下水中各单体目标化合物的总浓度

张家口市和秦皇岛市地区地下水中 PPCPs 平均浓度见图 5.3。在张家口市和秦皇岛市地下水中检出的非抗生素类药物中,咖啡因浓度为 N. D. ~4. 51 ng/L,平均浓度为 0. 70 ng/L,与西班牙巴塞罗那和新加坡地下水中检出咖啡因的含量相比,张家口和秦皇岛地区地下水中的咖啡因浓度较低。卡马西平的浓度为 N. D. ~4. 46 ng/L,平均浓度为 0. 74 ng/L,与塞尔维亚、西班牙巴塞罗那、德国拉斯塔特和美国马萨诸塞州地下水中检出卡马

西平的含量相比,张家口市和秦皇岛市地区地下水中卡马西平浓度较低。布洛芬的浓度为 N. D. ~13. 9 ng/L,平均浓度为 0. 92 ng/L,其浓度远远低于塞尔维亚、西班牙巴塞罗那、中国广州和加拿大渥太华等地区地下水中的浓度。吉非罗齐的浓度为 N. D. ~10. 0 ng/L,平均浓度为 0. 67 ng/L,相比于西班牙巴塞罗那、德国拉斯塔特和美国马萨诸塞州等地区地下水中吉非罗齐的浓度,张家口市和秦皇岛市地下水中的吉非罗齐处于较低的污染水平。萘普生的浓度为 N. D. ~5. 50 ng/L,平均浓度为 1. 98 ng/L,相比于塞尔维亚、瑞士、西班牙巴塞罗那和中国广州地区地下水中的含量,张家口和秦皇岛地区地下水中萘普生的含量处于较低污染水平。

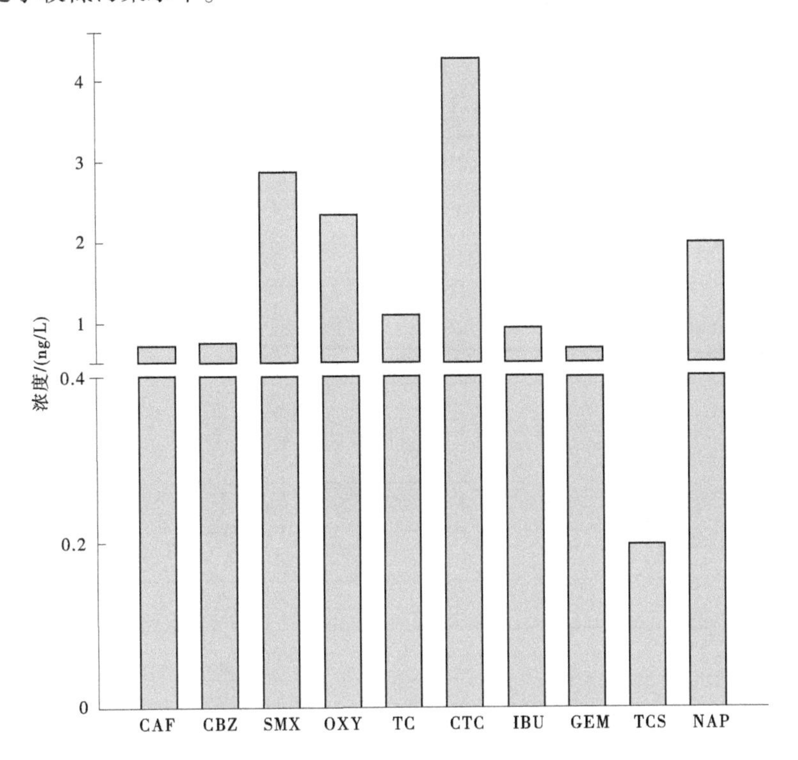

图 5. 3　张家口市和秦皇岛市地下水中各单体目标化合物的平均浓度

磺胺类抗生素在张家口和秦皇岛地下水中仅磺胺甲恶唑有检出,其浓度为 N. D. ~19. 3 ng/L,平均浓度为 2. 86 ng/L,相比于瑞士、中国江苏和广州等地区地下水中磺胺甲恶唑的含量,张家口和秦皇岛地区地下水中磺胺甲恶唑处于较低污染水平。

四环素类抗生素在张家口和秦皇岛地下水中有土霉素、四环素和金霉素 3 种目标化合物检出,土霉素在本研究区的浓度为 N. D. ~6. 18 ng/L,平均浓度为 2. 33 ng/L,与西班牙巴塞罗那地下水中土霉素的含量(41. 0 ng/L)相比,张家口和秦皇岛地区地下水中土霉素处于较低的污染水平。四环素在本研究区的浓度为 N. D. ~7. 65 ng/L,平均浓度为 1. 10 ng/L,与已有研究报道相比,西班牙巴塞罗那和中国天津地下水中四环素的浓度比本研究区高,其浓度分别为 141 ng/L 和 5. 2 ng/L。金霉素在本研究区的浓度为 N. D. ~14. 8 ng/L,其平均浓度为 4. 26 ng/L,与西班牙巴塞罗那地下水中金霉素的含量相比,本研究区地下水中金霉素的含量远远低于巴塞罗那(34. 2 ng/L)地下水中的含量。

5.3.2　松辽流域地下水中 PPCPs 分布特征

松辽流域地下水中 PPCPs 分布特征见表 5.3。本研究选取的 PPCPs 化合物,其中有 19 种 PPCPs 在松辽流域地下水中未检出,有 9 种 PPCPs 在松辽流域地下水中检出,分别为咖啡因、卡马西平、布洛芬、萘普生、磺胺甲恶唑、土霉素、四环素、金霉素和三氯生,其检出率分别为 46.7%、26.7%、6.67%、26.7%、33.3%、66.7%、60%、46.7%和 6.67%,其中土霉素和四环素的检出率均大于 50%,其余 7 种 PPCPs 的检出率为 6.67%~46.7%。从各 PPCPs 化合物的最大检出浓度来看,咖啡因在松辽流域地下水中检出浓度最高,为 31.7 ng/L,其余化合物检出浓度为 N. D. ~20.5 ng/L。从平均检出浓度来看,咖啡因在松辽流域地下水体中检出浓度最高,为 6.98 ng/L。

表 5.3　松辽流域地下水中 PPCPs 的检出情况

化合物	样品数/个	检出个数/个	检出率(%)	极小值/(ng/L)	极大值/(ng/L)	平均值/(ng/L)
对乙酰氨基酚 ACE	15	0	0	N. D.	N. D.	N. D.
咖啡因 CAF	15	7	46.7	N. D.	31.7	6.98
地尔硫卓 DTZ	15	0	0	N. D.	N. D.	N. D.
卡马西平 CBZ	15	4	26.7	N. D.	4.67	0.97
氟西汀 FXT	15	0	0	N. D.	N. D.	N. D.
布洛芬 IBU	15	1	6.67	N. D.	16.8	1.40
萘普生 NAP	15	4	26.7	N. D.	6.67	1.55
吉非罗齐 GEM	15	0	0	N. D.	N. D.	N. D.
磺胺嘧啶 SDZ	15	0	0	N. D.	N. D.	N. D.
磺胺甲恶唑 SMX	15	5	33.3	N. D.	7.23	1.42
磺胺二甲嘧啶 SMZ	15	0	0	N. D.	N. D.	N. D.
土霉素 OXY	15	10	66.7	N. D.	6.02	2.15
四环素 TC	15	9	60	N. D.	20.5	4.57
金霉素 CTC	15	7	46.7	N. D.	14.3	3.50
阿奇霉素 AZM	15	0	0	N. D.	N. D.	N. D.
强力霉素 DOX	15	0	0	N. D.	N. D.	N. D.
红霉素 ERY	15	0	0	N. D.	N. D.	N. D.
泰乐菌素 TYL	15	0	0	N. D.	N. D.	N. D.
氧氟沙星 OFL	15	0	0	N. D.	N. D.	N. D.
林可霉素 LIN	15	0	0	N. D.	N. D.	N. D.
甲氧苄啶 TMP	15	0	0	N. D.	N. D.	N. D.

续表 5.3

化合物	样品数/个	检出个数/个	检出率(%)	极小值/(ng/L)	极大值/(ng/L)	平均值/(ng/L)
三氯生 TCS	15	1	6.67	N. D.	9.36	0.78
三氯卡班 TCC	15	0	0	N. D.	N. D.	N. D.
雌酮 E1	15	0	0	N. D.	N. D.	N. D.
17β-雌二醇 17β-E2	15	0	0	N. D.	N. D.	N. D.
17α-雌二醇 17α-E2	15	0	0	N. D.	N. D.	N. D.
炔雌醇 EE2	15	0	0	N. D.	N. D.	N. D.
雌三醇 E3	15	0	0	N. D.	N. D.	N. D.

注:N. D. 表示低于检出限。

松辽流域 15 个地下水样品中 PPCPs 总浓度见图 5.4。选取的 PPCPs 化合物在 15 个地下水水体中总检出浓度为 2.56~53.4 ng/L,其中 SLW04 和 SLW05 采样点中 PPCPs 总浓度最高,分别为 40.5 ng/L 和 53.4 ng/L;SLW15 采样点的检出浓度最低,为 2.56 ng/L。

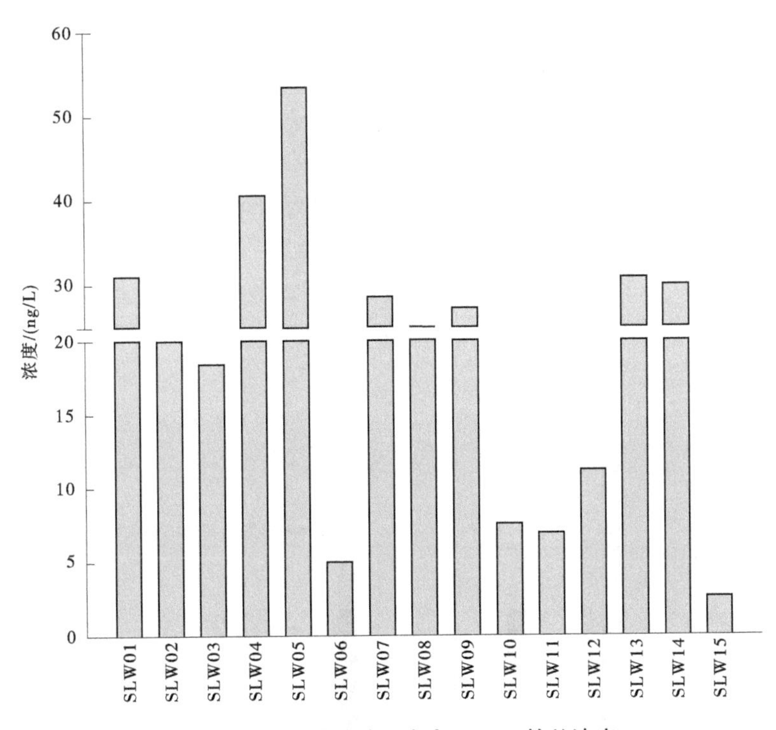

图 5.4　松辽流域地下水中 PPCPs 的总浓度

从松辽流域地下水中各单体 PPCPs 目标化合物总浓度来看,咖啡因、卡马西平、磺胺甲恶唑、土霉素、四环素、金霉素、布洛芬、三氯生与萘普生在 15 个地下水中有检出,其单体化合物浓度分布见图 5.5。从图 5.5 中可知,咖啡因在松辽流域 15 个地下水中检出总浓度最高,为 104.8 ng/L;三氯生检出浓度最低,为 9.36 ng/L;其余 7 种 PPCPs 总浓度介于它们之间。

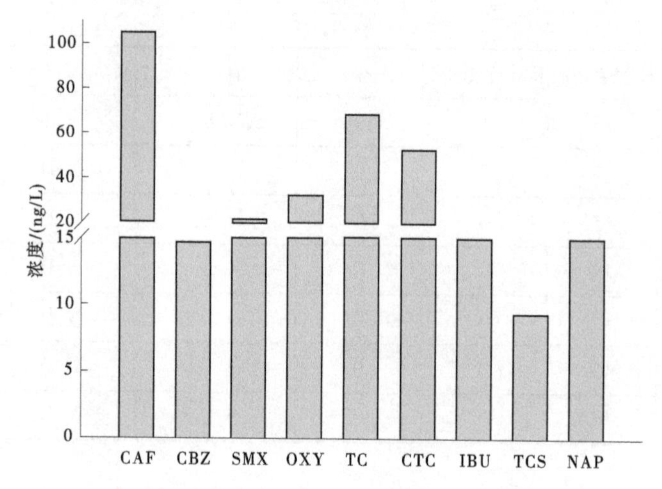

图 5.5　松辽流域地下水中各单体目标化合物的总浓度

5.3.3　海河流域(张家口市、秦皇岛市)与松辽流域(齐齐哈尔市)地下水中 PPCPs 对比

海河流域与松辽流域地下水中 PPCPs 浓度分布见图 5.6 和图 5.7。从海河流域 15 个地下水采样点和松辽流域 15 个地下水采样点的 PPCPs 种类看,海河流域 PPCPs 有 10 种检出,松辽流域有 9 种检出,且两个流域检出 PPCPs 化合物的种类大部分都相同(松辽流域只有吉非罗齐未检出,其余 9 种 PPCPs 化合物为两个流域共同检出)。从检出的各单体 PPCPs 化合物的总浓度看,松辽流域地下水中咖啡因的总量是海河流域的近 10 倍,四环素总量为海河流域的近 5 倍,三氯生总量为海河流域的近 2 倍,然而海河流域地下水中磺胺甲恶唑的总浓度为松辽流域的 2 倍多;卡马西平、土霉素、金霉素和布洛芬在两个流域地下水中的含量差别不大。

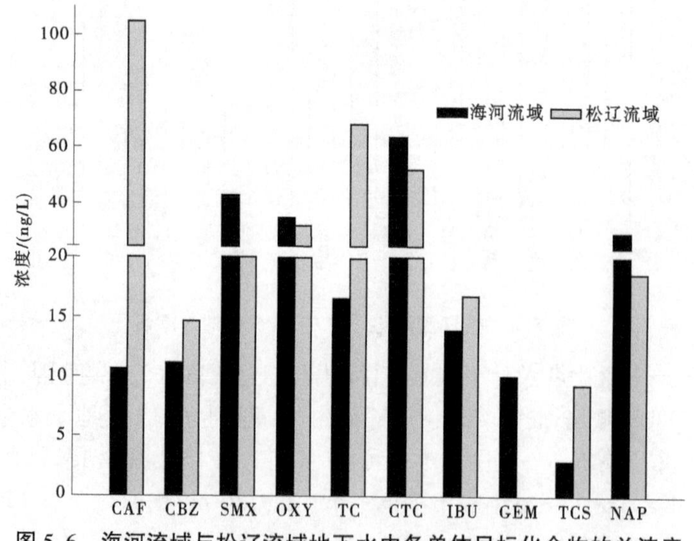

图 5.6　海河流域与松辽流域地下水中各单体目标化合物的总浓度

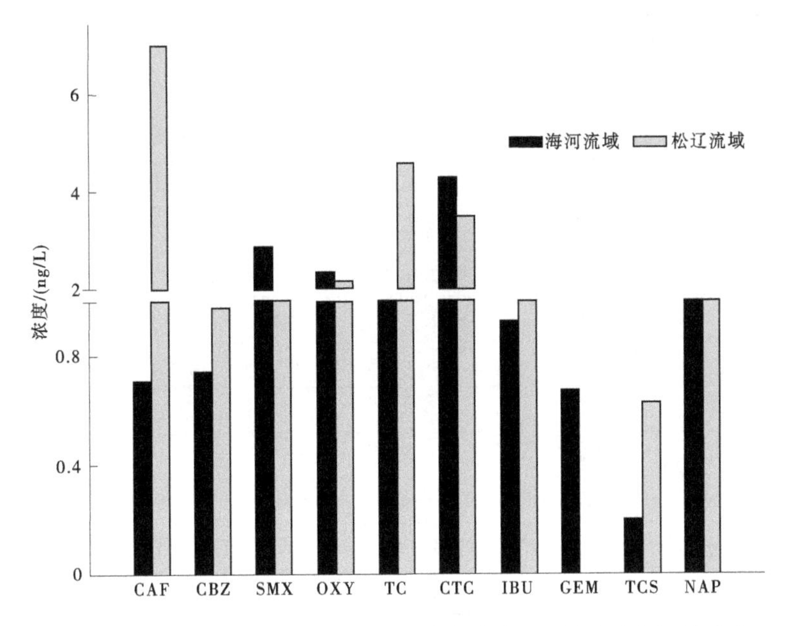

图 5.7　海河流域与松辽流域地下水中各单体目标化合物的平均浓度

5.3.4　国内外相关报道比较

目前,我国还没有关于 PPCPs 污染的标准限值,为了更好地了解本研究区地下水中 PPCPs 的浓度水平,将本研究结果与国外相关报道做比较。从表 5.4 中可以看出,本研究区中海河流域地下水中 PPCPs 的检出率和检出浓度较低,大部分都低于国外地下水中报道的水平。

表 5.4　本研究与世界不同区域地下水中 PPCPs 的检出情况对比

化合物	样品数量/个	检出率(%)	浓度范围/(ng/L)	研究区域	发表年份	参考文献
对乙酰氨基酚 ACE	6	67	N. D. ~4. 5	塞尔维亚	2014	[161]
	32	23	N. D. ~9. 38	西班牙巴塞罗那	2013	[164]
	15	0	N. D.	中国海河流域	2017	本研究
	15	0	N. D.	中国松辽流域	2017	本研究
咖啡因 CAF	121	40	N. D. ~55. 5	西班牙巴塞罗那	2012	[159]
	148	80~83[1]	N. D. ~16 249	新加坡	2014	[160]
	15	20	N. D. ~4. 51	中国海河流域	2017	本研究
	15	46. 7	N. D. ~31. 7	中国松辽流域	2017	本研究

续表 5.4

化合物	样品数量/个	检出率(%)	浓度范围/(ng/L)	研究区域	发表年份	参考文献
卡马西平 CBZ	6	17	3.4[2]	塞尔维亚	2014	[161]
	44	23	N. D. ~41	塞尔维亚多瑙河	2015	[168]
	121	48	N. D. ~62.4	西班牙巴塞罗那	2012	[159]
	32	92~100[1]	136[2]	西班牙巴塞罗那	2013	[164]
	51	33	N. D. ~35	德国拉斯塔特	2012	[162]
	20	25	N. D. ~72	美国马萨诸塞州	2014	[163]
	15	20	N. D. ~4.46	中国海河流域	2017	本研究
	15	26.7	N. D. ~4.67	中国松辽流域	2017	本研究
磺胺甲恶唑 SMX	16	12~19[1]	N. D. ~17.0	瑞士	2013	[46]
	121	29	9.0~46.0	西班牙巴塞罗那	2012	[159]
	32	80~100[1]	N. D. ~65	西班牙巴塞罗那	2013	[164]
	27	4.0~42[1]	N. D. ~0.8	中国江苏	2014	[166]
	20	60	0.1~113.0	美国马萨诸塞州	2014	[49]
	15	33.3	N. D. ~19.3	中国海河流域	2017	本研究
	15	33.3	N. D. ~7.23	中国松辽流域	2017	本研究
磺胺二甲嘧啶 SMZ	121	46	N. D. ~83.9	西班牙巴塞罗那	2012	[159]
	32	23~100[1]	N. D. ~29.2	西班牙巴塞罗那	2013	[164]
	27	8.0~63.0[1]	N. D. ~1.2	中国江苏	2014	[166]
	15	0	N. D.	中国海河流域	2017	本研究
	15	0	N. D.	中国松辽流域	2017	本研究
四环素 TC	32	60	141	西班牙巴塞罗那	2013	[164]
	15	20	1.10	中国海河流域	2017	本研究
	15	60	4.57	中国松辽流域	2017	本研究
阿奇霉素 AMZ	44	5	N. D. ~68.0	塞尔维亚多瑙河	2015	[168]
	16	12	N. D. ~10.0	瑞士	2013	[46]
	32	80~100[1]	N. D. ~1 620	西班牙巴塞罗那	2013	[164]
	27	100	0.2~0.7	中国江苏	2014	[166]
	15	0	N. D.	中国海河流域	2017	本研究
	15	0	N. D.	中国松辽流域	2017	本研究

续表 5.4

化合物	样品数量/个	检出率(%)	浓度范围/(ng/L)	研究区域	发表年份	参考文献
甲氧苄啶 TMP	16	6	N. D. ~0.4	瑞士	2013	[46]
	121	19	N. D. ~3.0	西班牙巴塞罗那	2012	[159]
	32	20~100[1]	N. D. ~9.41	西班牙巴塞罗那	2013	[164]
	27	4~68[1]	N. D. ~5.2	中国江苏	2014	[166]
	28	4	N. D. ~10.5	中国广州	2014	[49]
	20	5	N. D. ~0.7	美国马萨诸塞州	2014	[163]
	15	0	N. D.	中国海河流域	2017	本研究
	15	0	N. D.	中国松辽流域	2017	本研究
布洛芬 IBU	6	17	92[2]	塞尔维亚	2014	[161]
	32	46~92[1]	N. D. ~988	西班牙巴塞罗那	2013	[164]
	51	2	N. D. ~104	德国拉斯塔特	2012	[162]
	28	11	N. D. ~57.9	中国广州	2014	[49]
	32	14	N. D. ~65	约旦	2015	[169]
	15	6.15	N. D. ~13.9	中国海河流域	2017	本研究
	15	6.15	N. D. ~16.8	中国松辽流域	2017	本研究
萘普生 NAP	6	17	27.6[2]	塞尔维亚	2014	[161]
	16	6~12[1]	N. D. ~12	瑞士	2013	[46]
	121	N. A.	145[2]	西班牙巴塞罗那	2012	[159]
	32	8~40[1]	N. D. ~5.59	西班牙巴塞罗那	2013	[164]
	28	3	N. D. ~86.9	中国广州	2014	[49]
	15	40	N. D. ~5.50	中国海河流域	2017	本研究
	15	20	N. D. ~6.67	中国松辽流域	2017	本研究
吉非罗齐 GEM	121	N. A.	15.5[2]	西班牙巴塞罗那	2012	[159]
	32	62~100[1]	N. D. ~751	西班牙巴塞罗那	2013	[164]
	51	2	N. D. ~23	德国拉斯塔特	2012	[162]
	20	5	N. D. ~1.2	美国马萨诸塞州	2014	[163]
	15	6.67	N. D. ~10.0	中国海河流域	2017	本研究
	15	0	N. D.	中国辽河流域	2017	本研究

注:上角 1 表示文献中有多个研究区域或者是不同水期,所以检出率用范围表述。

上角 2 表示在相应的文献中,只有中值或者平均浓度表述。

N. A. 表示未统计。

N. D. 表示低于检出限。

5.4 本章小结

应用固相萃取-UPLC-MS/MS 分析检测方法,对海河流域张家口市和秦皇岛市 15 个地下水样品和松辽流域齐齐哈尔市 15 个地下水样品中非抗生素药物、磺胺类抗生素、四环素类抗生素、大环内酯类抗生素、喹诺酮类抗生素及个人护理产品等 PPCPs 进行检出分析。

检测结果表明:在海河流域张家口市及秦皇岛市地下水中,共有 10 种 PPCPs 化合物(咖啡因、卡马西平、布洛芬、萘普生、吉非罗齐、磺胺甲恶唑、土霉素、四环素、金霉素、三氯生)有检出,其检出率为 6.67%~46.7%,土霉素和金霉素的检出率最高;金霉素的平均检出浓度最高,为 4.16 ng/L。

在松辽流域齐齐哈尔市地下水中,共有 9 种 PPCPs 化合物(咖啡因、卡马西平、布洛芬、萘普生、磺胺甲恶唑、土霉素、四环素、金霉素、三氯生)有检出,其检出率为 6.67%~66.7%,土霉素在 28 种 PPCPs 中的检出率最高,为 66.7%;咖啡因平均检出浓度在 28 种 PPCPs 中最高,为 6.98 ng/L。

通过对海河流域张家口市与秦皇岛市地下水与松辽流域齐齐哈尔市地下水中 PPCPs 相比较,从检出各单体 PPCPs 化合物的平均浓度看,松辽流域地下水中咖啡因的平均浓度是海河流域的近 10 倍,四环素平均浓度为海河流域的近 5 倍,三氯生平均浓度为海河流域的近 2 倍,然而海河流域地下水中磺胺甲恶唑的平均浓度为松辽流域的近 2 倍;卡马西平、土霉素、金霉素和布洛芬在两个流域地下水中的含量差别不大。

将本研究区地下水中 PPCPs 的含量与国外相关研究相比较,发现海河流域张家口市和秦皇岛市地下水中的 PPCPs 处于较低的污染水平;松辽流域齐齐哈尔市地下水中 PPCPs 也处于较低的污染水平。

第6章　结论与展望

6.1　主要结论

基于固相萃取/超声萃取-超高效液相色谱-串联三重四极杆质谱联用技术，建立了水和沉积物中PPCPs的检测方法，PPCPs在水中的检出限为0.2~2.0 ng/L，定量限为0.6~6 ng/L，PPCPs在水样品中的回收率为73.8%~112%，；PPCPs在沉积物中的检出限为0.2~0.8 ng/g，定量限为0.6~2.5 ng/g，PPCPs在沉积物样品中的回收率为65.3~123.5%，相对标准偏差均小于20%。

应用建立及优化的水及沉积物中PPCPs的检测方法，对海河流域典型水体——白洋淀及其上游河流、官厅水库及其上游河流、北京城区河流及湖泊表层水及沉积物中PPCPs进行研究，研究结果如下：

PPCPs在白洋淀表层水、沉积物及孔隙水中都有检出，大部分化合物都具有较高的检出率。非抗生素类药物在白洋淀表层水、沉积物及孔隙水中的平均浓度比磺胺类、四环素类、大环内酯类及喹诺酮类抗生素高。与国内外其他主要江河、湖泊相比，白洋淀水体中PPCPs处于中等污染水平。根据PPCPs在表层水、沉积物、孔隙水中的分布状况，计算出K_{sw}与K_{sp}，将本研究中K_{sp}值与K_{sw}值比较发现，沉积物的理化性质不同，PPCPs在不同沉积物及水相中的分配系数不同。应用RQ风险商值模型对白洋淀及其支流表层水及沉积物中PPCPs的潜在风险进行评价，发现水中PPCPs处于较低或中等风险水平，沉积物中PPCPs处于中等或高风险。

PPCPs在官厅水库及其上游河流表层水及沉积物中都有不同程度的检出。大部分PPCPs具有较高的检出率。在表层水中，非抗生素类药物的总浓度最高，为主要污染物，对乙酰氨基酚和咖啡因在官厅水库及其上游河流表层水中的含量为磺胺类、四环素类、大环内酯类和喹诺酮类抗生素总量的5~10倍；在沉积物中，对乙酰氨基酚和咖啡因的含量为磺胺类、四环素类、大环内酯类和喹诺酮类抗生素总量的45~100倍。与国内外其他主要江河、湖泊相比，本研究选取PPCPs（对乙酰氨基酚和咖啡因的含量较高）处于中等污染水平。官厅水库上游河流表层水中PPCPs的总浓度高于官厅水库，官厅水库沉积物中PPCPs的浓度高于上游河流沉积物。应用RQ风险商值模型对官厅水库及其上游河流表层水及沉积物中PPCPs进行风险评价，发现红霉素在官厅水库及其上游河流表层水中都具有较高生态风险。在官厅水库及其上游河流沉积物中，对乙酰氨基酚、咖啡因、磺胺嘧啶、甲氧苄啶和泰乐菌素的风险商值均大于1，其对底栖生物具有高风险。

北京城区河流及湖泊表层水中PPCPs的浓度分别为N. D. ~655 ng/L和N. D. ~252 ng/L，沉积物中PPCPs的浓度分别为N. D. ~510.2 ng/g和N. D. ~161.8 ng/g。咖啡因在河流及湖泊表层水中的含量及检出率较高，为表层水中PPCPs的主要污染物，对乙酰氨基酚和咖啡因在河流沉积物中的含量及检出率较高,为河流沉积物中 PPCPs 的主要污染物。应用 RQ 风险商值模型对北京城区河流及湖泊中 PPCPs 进行风险评价,发现北京城区河流及湖泊表层水中 PPCPs 的 RQ 值均低于 0.1,显示低风险。在北京城区河流及湖泊沉积物中,对乙酰氨基酚、咖啡因、林可霉素、甲氧苄啶和阿奇霉素的风险商值均大于 1,对底栖生物具有高风险;其余化合物显示中等或无风险。

首次对海河流域所有部颁水源地表层水中 PPCPs 进行研究,发现有 10 种 PPCPs 检出,其浓度为 N. D. ~318. 4 ng/L,检出率为 0~66. 7%。从海河流域各省市水源地水体中 PPCPs 的平均浓度看,海河流域平原区水源地中 PPCPs 比山区水源地高。从海河流域水源地 PPCPs 总浓度看,YCSK 水体中药物的总检出浓度最高,为 199. 9 ng/L,WKSK 表层水中 PPCPs 含量最低,为 16. 5 ng/L。从各 PPCPs 指标来看,咖啡因和磺胺甲恶唑在水源地表层水中的检出率较高,其他 8 种 PPCPs 的检出率较低。应用 RQ 风险评价模型对海河流域地表水源地水体中 PPCPs 存在的潜在风险进行评价,发现海河流域水源地表层水中选取的 PPCPs 除红霉素在 YCSK、XHHSK、XFSK 和 XHSK 中显示较低中等风险外,其余 PPCPs 化合物在所有水源地表层水中均不存在生态风险。

首次对海河流域张家口和秦皇岛地下水样品和松辽流域齐齐哈尔市地下水样品中 PPCPs 进行研究。研究结果表明:张家口及秦皇岛地下水中,共有 10 种 PPCPs 化合物检出,其检出率为 6. 67%~46. 7%,土霉素和金霉素的检出率最高,金霉素的平均检出浓度为最高,为 4. 16 ng/L。在松辽流域齐齐哈尔市地下水中,共有 9 种 PPCPs 化合物检出,其检出率为 6. 67%~66. 7%,土霉素在 28 种 PPCPs 中检出率最高,为 66. 7%;咖啡因平均检出浓度为 PPCPs 中最高,为 6. 98 ng/L。通过对张家口市与秦皇岛市地下水与齐齐哈尔市地下水中 PPCPs 相比较,发现松辽流域齐齐哈尔地下水中咖啡因、四环素、三氯生的平均浓度比张家口和秦皇岛地下水中高,卡马西平、土霉素、金霉素和布洛芬在两个流域地下水中处于同一污染水平。将本研究区地下水中 PPCPs 含量与国内外相关研究相比较,发现张家口和秦皇岛市地下水中 PPCPs 处于较低污染水平;齐齐哈尔市地下水中 PPCPs 也处于较低的污染水平。

6.2　不足与展望

6.2.1　不足

本书对海河流域典型水体——白洋淀、官厅水库及其上游河流、北京城区河流、海河流域水源地及张家口市和秦皇岛市等地区地下水中 PPCPs 进行研究,不足之处是未对这些典型水体中 PPCPs 化合物随时间及季节的变化趋势进行详细分析,需要在以后的研究中进行系统研究。

本书应用风险商值模型对选取的 PPCPs 在海河流域典型水体中的潜在风险进行研究,只是按照单个化合物的潜在风险进行评价,但是由于水环境是一个复杂的系统,PPCPs 化合物都是以复杂、混合的体系存在,风险商值模型不能反映复杂水环境中 PPCPs 的整体风险。有关 PPCPs 化合物对生物体的毒性效应需要在以后工作中进行持续研究。

6.2.2　展望

加强 PPCPs 物质在沉积物-水界面方面的研究。沉积物-水界面是陆地表层系统最重要的界面之一,在湖库环境中,几乎所有环境污染和生态风险问题等都与沉积物-水界面过程或效应有关,因此对界面上物质流过程的研究,可以深入和系统了解抗生素对水生态系统、结构和功能效应的影响。主要可以从以下几个方面进行研究:

(1)加强沉积物-水界面信息获取技术应用和开发。目前针对重金属元素的被动采样和信息获取技术已经可以达到快速、高分辨、非破坏性等目标,但是在 PPCPs 等有机污染物被动采样技术方面的研究还比较少,需要发展湖库水体原位采样分析一体化、信息高频采集、信息远程传输等技术,使 PPCPs 界面研究能在多点位或断面实行大范围内同步监测等。

(2)推进 PPCPs 在沉积物-水界面过程和效应研究模型的应用和构建。沉积物-水界面过程研究中模型应用和构建仍是国际上重视的研究领域,是探讨实际复杂环境中物质迁移转化的主要推荐方法。很多沉积物-水界面的问题需要借助模型分析才有可能揭示物质的迁移转化机制。所以,开展 PPCPs 在沉积物-水界面过程和效应研究、进行模型构建可以解决现场调查和试验无法实现的对微观过程的认知,为揭示界面过程和机制提供重要的基础理论和依据。

加强新型污染物控制技术在 PPCPs 中的应用。纳米科学是 20 世纪 80 年代末发展起来的新兴学科,与信息技术、生命科学并列为 21 世纪最有前途的三大新技术科学领域。目前,纳米技术已经迅速成为全世界关注的热点前沿科技领域。纳米技术与信息、环境、能源、生物和空间等高新技术相结合,形成以纳米技术为主旋律的纳米产业及产业链,成为 21 世纪新的经济增长点。目前,在环境中 PPCPs 控制技术方面,主要可以从以下几个方面开展研究:

(1)纳米零价铁在 PPCPs 控制中的应用研究。利用纳米零价铁可以去除多种环境污染物,如纳米零价铁将硝酸盐、亚硝酸盐等含氮化合物还原成氨氮,可以有效解决地下水中硝酸盐污染的问题;纳米零价铁可以通过改变有毒重金属离子的价态从而降低毒性,可以用来修复地下水中镉、铅、砷、铬等多种重金属污染。目前利用纳米零价铁颗粒降解有机卤化物的研究比较广泛,随着研究的深入,纳米零价铁对污染物的降解范围逐渐扩大,污染物的结构也逐渐趋于复杂化,目前纳米零价铁对 PPCPs 的降解的文献报道虽然较少,但是从已有的纳米零价铁降解其他难降解有机物的报道可以看出,纳米零价铁能降解一些特殊结构的 PPCPs,如 β-内酰胺抗生素和侧链含氯的芳香 PPCPs,尤其是对纳米零价铁进行修饰后,其对 PPCPs 的降解能力大大提高。由此可见,纳米零价铁具有降解 PPCPs 的能力,其在 PPCPs 污染控制上具有很大的应用潜力。

(2)纳米过氧化钙在 PPCPs 控制中的应用研究。过氧化钙是重要的无机过氧化物,无毒无害,具有氧化性能,能氧化重金属离子并形成沉淀将其去除。当将过氧化钙制成纳米级后,由于其比表面积大,反应活性高,除具有过氧化钙的杀菌、消毒、漂白、增氧等性质外,还具有纳米材料特有的性质。纳米过氧化钙可直接吸附污染物,通过缓慢反应产生过氧化氢,直接氧化环境污染物,同时也可提高好氧微生物的生物降解效率。目前关于纳米过氧化钙应用于污染物控制的研究还比较少，但基于其释放氧气缓慢和良好的生物兼容性，在现有的生物处理系统中可耦合纳米过氧化钙的氧化吸附性能，通过生物、化学的协同作用，在PPCPs污染控制中可有着巨大的应用潜力。

加强PPCPs环境污染预警系统方面的研究。近年来，世界范围内突发性环境污染事故时常发生，对环境造成严重污染和破坏，给人民和国家财产造成重大损失。PPCPs生产企业、工厂或该类物质使用和存放相对集中的区域会面对许多突发性事件，对环境造成的污染事故与一般的污染事故有所不同。虽然该类物质只有在一定浓度范围内才会对生态系统中的生物造成危害，但是如果事故发生，还是会对环境系统造成非常严重的后果。因此，建立针对PPCPs的突发性环境污染事故预警应急系统是相当必要的。

加强PPCPs毒性评价技术研究。目前，关于PPCPs毒性风险方面的研究主要是应用风险评价模型来开展，对PPCPs的毒性评价还比较少，而且主要是通过毒理学试验开展环境激素方面的研究，很难全面反映环境中PPCPs的毒性风险。近年来，越来越多的研究致力于从分子水平上探究污染物的致毒机制，在体外模拟条件下研究污染物与目标生物分子的直接相互作用。以往小分子与生物大分子间的相互作用研究主要用于新药设计、人类重大疾病的攻克治疗以及新材料的安全应用等方面。近年来，类似的研究方法已经被应用到环境污染物与生物大分子的相互作用研究中，成为环境科学研究领域的新方法。因此，加强PPCPs毒性评价技术研究，对深入开展PPCPs研究或规范相关评价标准具有非常重要的意义。

单　位

t	吨
kg	千克
g	克
μg	微克
ng	纳克
mg/kg	毫克每千克
ng/L	纳克每升
μg/L	微克每升
cm	厘米
g/kg	克每千克
mL/min	毫升每分钟
mmol/L	毫摩尔每升
r/min	转每分钟
h	小时
℃	摄氏度
μm	微米
μL	微升
V	伏
eV	电子伏
W	瓦

变量和符号

pK_a— $\lg K_a$	氢离子解离常数
$\lg K_{ow}$	辛醇-水分配系数
K_d	固相-液相分配系数
c_w	溶解物的浓度
C_s	颗粒物表面吸附的物质浓度
K_{oc}	有机碳分配系数
f_{oc}	污泥中有机碳的含量

参考文献

[1] Daughton C G, Ternes T A. Pharmaceuticals and personal care products in the environment: agents of subtle change? [J]. Environmental Health Perspectives Supplements, 1999, 107 Suppl 6(Suppl 6): 907.

[2] 胡洪营, 超王,郭美婷.药品和个人护理用品(PPCPs)对环境的污染现状与研究进展[J]. 生态环境, 2005,14(6): 947-952.

[3] 安倩,周启星.药品及个人护理用品_PPCPs_的污染来源、环境残留及生态毒性[J]. 生态学杂志, 2009,28(9): 1878-1890.

[4] Zhou H D,Wu C Y,Huang X,et al. Occurrence of selected pharmaceuticals and caffeine in sewage treatment plants and receiving rivers in Beijing, China[J]. Water Environment Research,82(11):2239-2248.

[5] Liu J L,Wong M H. Pharmaceuticals and personal care products (PPCPs): a review on environmental contamination in China[J]. Environ Int, 2013, 59(3): 208-224.

[6] Tat, Meisenheimer M,Mcdowell D,et al. Removal of pharmaceuticals during drinking water treatment[J]. Enviromental Science & Technology, 2002, 36(17): 3855-3863.

[7] Sun J,Luo Q, Wang D H,et al. Occurrences of pharmaceuticals in drinking water sources of major river watersheds, China[J]. Ecotoxicol Environ Saf,2015,117:132-140.

[8] Santos L H,Araujo A N,Fachini A,et al. Ecotoxicological aspects related to the presence of pharmaceuticals in the aquatic environment[J]. J Hazard Mater,2010,175(1-3):45-95.

[9] 马玉红. OTC 药物发展趋势[J]. 中国现代药物应用, 2015, 9(18): 288-289.

[10] Li Z,Xiang X,Li M,et al. Occurrence and risk assessment of pharmaceuticals and personal care products and endocrine disrupting chemicals in reclaimed water and receiving groundwater in China[J]. Ecotoxicology & Environmental Safety, 2015, 119: 74-80.

[11] Gagné F,Blaise C,André C. Occurrence of pharmaceutical products in a municipal effluent and toxicity to rainbow trout (Oncorhynchus mykiss) hepatocytes[J]. Ecotoxicology & Environmental Safety, 2006, 64(3): 329-336.

[12] Nassef M,Matsumoto S,Seki M,et al. Acute effects of triclosan, diclofenac and carbamazepine on feeding performance of Japanese medaka fish (Oryzias latipes)[J]. Chemosphere, 2010,80(9): 1095-1100.

[13] Richardson B J,Lam P K,Martin M. Emerging chemicals of concern: pharmaceuticals and personal care products (PPCPs) in Asia, with particular reference to Southern China[J]. Marine Pollution Bulletin, 2005,50(9):913-920.

[14] Hijosavalsero M,Matamoros V,Sidrachcardona R,et al. Comprehensive assessment of the design configuration of constructed wetlands for the removal of pharmaceuticals and personal care products from urban wastewaters[J]. Water Research, 2010, 44(12): 3669-3678.

[15] Niina M,Vieno N M,Tuhkanen T,et al. Seasonal variation in the occurrence of pharmaceuticals in effluents from a sewage treatment plant and in the recipient water[J]. Environmental Science & Technology, 2005, 39(21): 8220-8226.

[16] 赵永杰. 2014年国内主要洗涤助剂的生产与市场[J]. 中国洗涤用品工业, 2015(12): 58-64.

[17] Layton A C, Gregory B W, Seward J R, et al. Mineralization of steroidal hormones by biosolids in wastewater treatment systems in tennessee USA. [J]. Environmental Science and Technology, 2000, 34(18): 3925-3931.

[18] Mantovi P, Baldoni G, Toderi G. Reuse of liquid, dewatered, and composted sewage sludge on agricultural land: effects of long-term application on soil and crop[J]. Water Research, 2005, 39(2-3): 289-296.

[19] Ellis J B. Pharmaceutical and personal care products (PPCPs) in urban receiving waters[J]. Environmental Pollution, 2006, 144(1): 184-189.

[20] Zhao J L, Ying G G, Liu Y S, et al. Occurrence and risks of triclosan and triclocarban in the Pearl River system, South China: from source to the receiving environment[J]. Journal of Hazardous Materials, 2010, 179(1-3): 215-222.

[21] Yu Y Y, Huang Q X, Wang Z F, et al. Occurrence and behavior of pharmaceuticals, steroid hormones, and endocrine-disrupting personal care products in wastewater and the recipient river water of the Pearl River Delta, South China[J]. Journal of Environmental Monitoring, 2011, 13(4): 871-878.

[22] Yoon Y, Ryu J, Oh J, et al. Occurrence of endocrine disrupting compounds, pharmaceuticals, and personal care products in the Han River (Seoul, South Korea)[J]. Science of the Total Environment, 2010, 408(3): 636-643.

[23] Xu J, Zhang Y, Zhou C B, et al. Distribution, sources and composition of antibiotics in sediment, overlying water and pore water from Taihu Lake, China[J]. Science of the Total Environment, 2014, 497-498: 267-273.

[24] Wu C X, Witter J D, Spongberg A L, et al. Occurrence of selected pharmaceuticals in an agricultural landscape, western Lake Erie basin[J]. Water Research, 2009, 43(14): 3407-3416.

[25] Wu C, Huang X, Witter J D, et al. Occurrence of pharmaceuticals and personal care products and associated environmental risks in the central and lower Yangtze river, China[J]. Ecotoxicology & Environmental Safety, 2014, 106: 19-26.

[26] Scheurer M, Michel A, Brauch H J, et al. Occurrence and fate of the antidiabetic drug metformin and its metabolite guanylurea in the environment and during drinking water treatment[J]. Water Research, 2012, 46(15): 4790-4802.

[27] Nakada N, Tanishima T, Shinohara H, et al. Pharmaceutical chemicals and endocrine disrupters in municipal wastewater in Tokyo and their removal during activated sludge treatment[J]. Water Research, 2006, 40(17): 3297-3303.

[28] Ding J F, Su M, Wu C W, et al. Transformation of triclosan to 2,8-dichlorodibenzo-p-dioxin by iron and manganese oxides under near dry conditions[J]. Chemosphere, 2015, 133: 41-46.

[29] Wu C, Witter J D, Spongberg A L, et al. Occurrence of selected pharmaceuticals in an agricultural landscape, western Lake Erie basin[J]. Water Research, 2009, 43(14): 3407-3416.

[30] Kasprzyk-Hordern B, Dinsdale R M, Guwy A J. The removal of pharmaceuticals, personal care products, endocrine disruptors and illicit drugs during wastewater treatment and its impact on the quality of receiving waters[J]. Water Research, 2009, 43(2): 363-380.

[31] Tamtam F, Mercier F, Bot B L, et al. Occurrence and fate of antibiotics in the Seine River in various hydrological conditions[J]. Science of the Total Environment, 2008, 393(1): 84-95.

[32] Verlicchi P, Al A M, Jelic A, et al. Comparison of measured and predicted concentrations of selected pharmaceuticals in wastewater and surface water: a case study of a catchment area in the Po Valley (Ita-

ly)[J]. Science of the Total Environment, 2014, 470-471(2): 844-854.

[33] Kobayashi T, Suehiro F, Tuyen B, et al. Distribution and diversity of tetracycline resistance genes encoding ribosomal protection proteins in Mekong river sediments in Vietnam[J]. FEMS Microbiol Ecol, 2007, 59(3): 729-737.

[34] Kim Y, Choi K, Jung J, et al. Aquatic toxicity of acetaminophen, carbamazepine, cimetidine, diltiazem and six major sulfonamides, and their potential ecological risks in Korea[J]. Environment International, 2007, 33(3): 370-375.

[35] Lin A Y, Yu T H, Lin C F. Pharmaceutical contamination in residential, industrial, and agricultural waste streams: risk to aqueous environments in Taiwan[J]. Chemosphere, 2008, 74(1): 131-141.

[36] Liang X M, Chen B W, Nie X P, et al. The distribution and partitioning of common antibiotics in water and sediment of the Pearl River Estuary, South China[J]. Chemosphere, 2013, 92(11): 1410-1416.

[37] 温智皓, 段艳平, 孟祥周, 等. 城市污水处理厂及其受纳水体中5种典型PPCPs的赋存特征和生态风险[J]. 环境科学, 2013, 34(3): 927-932.

[38] 陈涛, 李彦文, 莫测辉, 等. 广州污水厂磺胺和喹诺酮抗生素污染特征研究[J]. 环境科学与技术, 2010, 33(6): 150-153, 186.

[39] 徐维海, 张干, 邹世春, 等. 典型抗生素类药物在城市污水处理厂中的含量水平及其行为特征[J]. 环境科学, 2007, 28(8): 1779-1783.

[40] Stamatis N K, Konstantinou I K. Occurrence and removal of emerging pharmaceutical, personal care compounds and caffeine tracer in municipal sewage treatment plant in Western Greece[J]. Journal of Environmental Science & Health Part B, 2013, 48(9): 800-813.

[41] Miao X S, Bishay F, Chen M, et al. Occurrence of antimicrobials in the final effluents of wastewater treatment plants in Canada[J]. Environmental Science &Technology, 2004, 38(13): 3533-3541.

[42] Lin T, Yu S L, Chen W. Occurrence, removal and risk assessment of pharmaceutical and personal care products (PPCPs) in an advanced drinking water treatment plant (ADWTP) around Taihu Lake in China[J]. Chemosphere, 2016, 152: 1-9.

[43] 赵高峰, 杨林, 周怀东, 等. 北京某污水处理厂出水中药物和个人护理品的污染现状[J]. 中国环境监测, 2011, 27(s1): 66-70.

[44] Barnes K K, Kolpin D W, Furlong E T, et al. A national reconnaissance of pharmaceuticals and other organic wastewater contaminants in the United States——I: groundwater[J]. Science of the Total Environment, 2008, 402(2-3): 192-200.

[45] Ye Z Q, Weinberg H S, Meyer M T. Trace analysis of trimethoprim and sulfonamide, macrolide, quinolone, and tetracycline antibiotics in chlorinated drinking water using liquid chromatography electrospray tandem mass spectrometry[J]. Analytical Chemistry, 2007, 79(3): 1135-1144.

[46] Morasch B. Occurrence and dynamics of micropollutants in a karst aquifer[J]. Environmental Pollution, 2013, 173(1): 133-137.

[47] 张盼伟, 周怀东, 赵高峰, 等. 太湖表层沉积物中PPCPs的时空分布特征及潜在风险[J]. 环境科学, 2016, 37: 3348-3355.

[48] Lópezserna R, Jurado A, Vázquezsuñé E, et al. Occurrence of 95 pharmaceuticals and transformation products in urban groundwaters underlying the metropolis of Barcelona, Spain[J]. Environmental Pollution, 2013, 174: 305-315.

[49] Peng X Z, Ou W H, Wang C W, et al. Occurrence and ecological potential of pharmaceuticals and personal care products in groundwater and reservoirs in the vicinity of municipal landfills in China[J]. Science of

the Total Environment, 2014, 490: 889-898.

[50] 王丹,隋倩,赵文涛,等. 中国地表水环境中药物和个人护理品的研究进展[J]. Chinese Science Bulletin (Chinese Version),2014,59(9):743-751.

[51] Ternes T A,Joss A,Siegrist H. Scrutinizing pharmaceuticals and personal care products in wastewater treatment. [J]. Environ Sci Technol,2004,38(20):392A-399A.

[52] Holm J V,Rugge K,Bjerg P,et al. Occurrence and distribution of pharmaceutical organic compounds in the groundwater downgradient of a landfill (Grindsted, Denmark) [J]. Research Communications, 1995, 29(5): 1415-1420.

[53] 黄满红,陈亮,陈东辉. 污水处理系统中 PPCPs 的迁移转化研究[J]. 工业水处理, 2009, 29(7): 15-17.

[54] Tolls J. Sorption of veterinary pharmaceuticals in soil_ A review[J]. Enviroment Science & Technology, 2001, 35(17):3397-3406.

[55] Kümmerer K,Al-Ahmad A,Mersch-Sundermann V. Biodegradability of some antibiotics, elimination of the genotoxicity and affection of wastewater bacteria in a simple test[J]. Chemosphere, 2000, 40(7): 701-710.

[56] Boyd G R,Reemtsma H,Grimm D A,et al. Pharmaceuticals and personal care products (PPCPs) in surface and treated waters of Louisiana, USA and Ontario, Canada[J]. Science of the Total Environment, 2003, 311(1-3): 135-149.

[57] Gurr C J, Reinhard M. Harnessing natural attenuation of pharmaceuticals and hormones in rivers[J]. Environmental Science & Technology, 2006, 40(9): 2872-2876.

[58] Kasprzyk-Hordern B,Dinsdale R M,Guwy A J. The occurrence of pharmaceuticals, personal care products, endocrine disruptors and illicit drugs in surface water in South Wales, UK[J]. Water Research, 2008, 42(13): 3498-3518.

[59] Lindström A,Ibuerge I J,Poiger J,et al. Occurrence and environmental behavior of the bactericide triclosan and its methyl derivative in surface waters and in wastewater[J]. Environmental Science & Technology,2002,36(11):2322-2329.

[60] 胡君剑,胡霞林,尹大强. 药品与个人护理品在鱼体中的累积及代谢研究进展[J]. 生态毒理学报, 2015,10(2): 89-99.

[61] Pruden A. Balancing water sustainability and public health goals in the face of growing concerns about antibiotic resistance[J]. Environmental Science & Technology, 2014, 48(1): 5-14.

[62] 曾怀才,陈锋. 环境雌激素与健康[J]. 实用预防医学,2003,10(5):818-820.

[63] Bound J P,Kitsou K,Voulvoulis N. Household disposal of pharmaceuticals and perception of risk to the environment[J]. Environmental Toxicology & Pharmacology, 2006, 21(3): 301-307.

[64] Schreurs R H,Sonneveld E,Jansen J H,et al. Interaction of polycyclic musks and UV filters with the estrogen receptor (ER), androgen receptor (AR), and progesterone receptor (PR) in reporter gene bioassays[J]. Journal of the Society of Toxicology, 2005, 83(2): 264-272.

[65] Andersson P L. The impact of musk ketone on reproduction in zebrafish (Danio rerio) [J]. Marine Environmental Research, 2000,50(1-5):237-241.

[66] Gagne F,Blaise C,Fournier M,et al. Effects of selected pharmaceutical products on phagocytic activity in Elliptio complanata mussels[J]. Comparative Biochemistry & Physiology Part C Toxicology & Pharmacology,2006,143(2):179-186.

[67] Hong N H,Sekhon S S,Ahn J Y,et al. Stress response in E. coli exposed to different pharmaceuticals

[J]. Toxicology & Environmental Health Sciences, 2014, 6(2): 106-112.

[68] Pomati F, Netting A G, Calamari D, et al. Effects of erythromycin, tetracycline and ibuprofen on the growth of Synechocystis sp. and Lemna minor[J]. Aquatic Toxicology, 2004, 67(4): 387-396.

[69] Wang L, Ying G G, Zhao J L, et al. Occurrence and risk assessment of acidic pharmaceuticals in the Yellow River, Hai River and Liao River of north China[J]. Science of the Total Environment, 2010, 408(16): 3139-3147.

[70] Zhao J L, Ying G G, Liu Y S, et al. Occurrence and a screening-level risk assessment of human pharmaceuticals in the Pearl River system, South China[J]. Environmental Toxicology & Chemistry, 2010, 29(6): 1377-1384.

[71] Zhao J L, Ying G G, Liu Y S, et al. Occurrence and risks of triclosan and triclocarban in the Pearl River system, South China: from source to the receiving environment[J]. Journal of Hazardous Materials, 2010, 179(1-3): 215-222.

[72] Wang B, Yu G, Huang J, et al. Tiered aquatic ecological risk assessment of organochlorine pesticides and their mixture in Jiangsu reach of Huaihe River, China[J]. Environmental Monitoring & Assessment, 2009, 157(1-4): 29-42.

[73] Wang B, Yu G, Huang J, et al. Development of species sensitivity distributions and estimation of HC(5) of organochlorine pesticides with five statistical approaches[J]. Ecotoxicology, 2008, 17(8): 716-724.

[74] Backhaus T, Scholze M, Grimme L H. The single substance and mixture toxicity of quinolones to the bioluminescent bacterium Vibrio fischeri[J]. Aquatic Toxicology, 2000, 49(1): 49-61.

[75] 徐维海,林黎明,朱校斌,等. 水产品中14种磺胺类药物残留的HPLC法同时测定[J]. 分析测试学报, 2004, 23(5): 122-124.

[76] Agüera A, Fernández-Alba A R, Piedra L, et al. Evaluation of triclosan and biphenylol in marine sediments and urban wastewaters by pressurized liquid extraction and solid phase extraction followed by gas chromatography mass spectrometry and liquid chromatography mass spectrometry[J]. Anal Chim Acta, 2003, 480(2): 193-205.

[77] Balizs G, Hewitt A. Determination of veterinary drug residues by liquid chromatography and tandem mass spectrometry[J]. Anal Chim Acta, 2003, 492(1-2): 105-131.

[78] Williams M, Kookana R. Isotopic exchangeability as a measure of the available fraction of the human pharmaceutical carbamazepine in river sediment[J]. Science of the Total Environment, 2010, 408(17): 3689.

[79] 李孟玻,张德云,彭之见,等. 高效液相色谱法测定鱼肉中残留磺胺类药物[J]. 理化检验-化学分册, 2006, 42(8): 611-613.

[80] Klein D R, Flannelly D F, Schultz M M. Quantitative determination of triclocarban in wastewater effluent by stir bar sorptive extraction and liquid desorption-liquid chromatography-tandem mass spectrometry[J]. Journal of Chromatography A, 2010, 1217(11): 1742-1747.

[81] Veldhoen N, Skirrow R C, Osachoff H, et al. The bactericidal agent triclosan modulates thyroid hormone-associated gene expression and disrupts postembryonic anuran development[J]. Aquatic Toxicology, 2006, 80(3): 217-227.

[82] Wu X Q, Conkle J L, Gan J. Multi-residue determination of pharmaceutical and personal care products in vegetables[J]. Journal of Chromatography A, 2012, 1254(17): 78-86.

[83] Ferguson P J, Bernot M J, Doll J C, et al. Detection of pharmaceuticals and personal care products (PPCPs) in near-shore habitats of southern Lake Michigan[J]. Science of the Total Environment, 2013,

458-460(3):187-196.

[84] 赵惠清,苏军,李伟,等.高效液相色谱法检测化妆品中的三氯生、三氯卡班[J]. 中国卫生检验杂志, 2014(20): 2915-2917.

[85] Chen C Y, Wen T Y, Wang G S, et al. Determining estrogenic steroids in Taipei waters and removal in drinking water treatment using high-flow solid-phase extraction and liquid chromatography/tandem mass spectrometry[J]. Science of the Total Environment, 2007, 378(3): 352-365.

[86] Duong C N, Ra J S, Cho J, et al. Estrogenic chemicals and estrogenicity in river waters of South Korea and seven Asian countries[J]. Chemosphere, 2010, 78(3): 286-293.

[87] Lei B L, Huang S B, Zhou Y Q, et al. Levels of six estrogens in water and sediment from three rivers in Tianjin area, China[J]. Chemosphere, 2009, 76(1): 36-42.

[88] Holbrook R D, And N G L, Novak J T. Sorption of 17β-Estradiol and 17α-Ethinylestradiol by Colloidal Organic Carbon Derived from Biological Wastewater Treatment Systems[J]. Environ Sci Technol, 2004, 38(12): 3322-3329.

[89] Aftafa C, Pelit F O, Yalçinkaya E E, et al. Ionic liquid intercalated clay sorbents for micro solid phase extraction of steroid hormones from water samples with analysis by liquid chromatography-tandem mass spectrometry[J]. Journal of Chromatography A, 2014, 1361: 43-52.

[90] Llorensblanch G, Badiafabregat M, Lucas D, et al. Degradation of pharmaceuticals from membrane biological reactor sludge with Trametes versicolor[J]. Environmental Science Process & Impacts, 2015, 17(2): 429-440.

[91] Guo L. Doing battle with the green monster of Taihu Lake[J]. Science, 2007, 317(5842): 1166.

[92] 朴海善,陶澍,胡海瑛, 等. 根据水/辛醇分配系数(KOW)估算有机化合物的吸着系数(KOC)[J]. 环境科学与技术, 1999, 87(4):8-13.

[93] Vryzas Z, Alexoudis C, Vassiliou G, et al. Determination and aquatic risk assessment of pesticide residues in riparian drainage canals in northeastern Greece[J]. Ecotoxicology & Environmental Safety, 2011, 74(2): 174-181.

[94] Zhu S C, Chen H, Li J N. Sources, distribution and potential risks of pharmaceuticals and personal care products in Qingshan Lake basin, Eastern China[J]. Ecotoxicology & Environmental Safety, 2013, 96: 154-159.

[95] Zhuang C W, Ouyang Z Y, Xu W H, et al. Impacts of human activities on the hydrology of Baiyangdian Lake, China[J]. Environmental Earth Sciences, 2011, 62(7): 1343-1350.

[96] Chen C Y, Pickhardt P C, Xu M Q, et al. Mercury and arsenic bioaccumulation and eutrophication in baiyangdian lake, China[J]. Water Air Soil Pollution, 2008, 190(1-4): 115-127.

[97] Li F J, Cui B S, Lan Y, et al. Heavy metal pollution in different types of land use in baiyangdian lake[C]. Heavy Metal Pollution in Different Types of Land Use in Baiyangdian Lake. Third International Conference on Intelligent System Design and Engineering Applications. 811-815.

[98] 李必才, 何连生, 杨敏, 等. 白洋淀底泥重金属形态及竖向分布[J]. 环境科学, 2012, 33(7): 2376-2383.

[99] Hu G C, Dai J Y, Xu Z C, et al. Bioaccumulation behavior of polybrominated diphenyl ethers (PBDEs) in the freshwater food chain of Baiyangdian lake, north China[J]. Environmental International, 2010, 36(4): 309-315.

[100] Guo W, Pei Y S, Yang Z F, et al. Assessment on the distribution and partitioning characteristics of polycyclic aromatic hydrocarbons (PAHs) in Lake Baiyangdian, a shallow freshwater lake in China[J].

Journal of Environmental Monitoring,2011,13(3):681-688.

[101] Guo W,Pei Y S, Yang Z F,et al. Historical changes in polycyclic aromatic hydrocarbons (PAHs) input in Lake Baiyangdian related to regional socio-economic development[J]. Journal of Hazardous Materials, 2011, 187(1-3): 441-449.

[102] Hu G C, Luo X J,Li F C,et al. Organochlorine compounds and polycyclic aromatic hydrocarbons in surface sediment from Baiyangdian Lake, North China: Concentrations, sources profiles and potential risk [J]. Journal of Environmental Sciences, 2010, 22(2): 176-183.

[103] Li W H,Shi Y L,Gao L R,et al. Occurrence of antibiotics in water, sediments, aquatic plants, and animals from Baiyangdian Lake in North China[J]. Chemosphere,2012,89(11):1307-1315.

[104] Cheng D M,Liu X H,Wang L,et al. Seasonal variation and sediment-water exchange of antibiotics in a shallower large lake in North China[J]. Science of the Total Environment, 2014, 476-477: 266-275.

[105] Loos R,Gawlik B M,Locoro G,et al. EU-wide survey of polar organic persistent pollutants in European river waters[J]. Environmental Pollution, 2009, 157(2): 561-568.

[106] Chen K,Zhou J L. Occurrence and behavior of antibiotics in water and sediments from the Huangpu River, Shanghai, China[J]. Chemosphere, 2014, 95: 604-612.

[107] Tamtam F,Mercier F,Le Bot B,et al. Occurrence and fate of antibiotics in the Seine River in various hydrological conditions[J]. Science of the Total Environment, 2008, 393(1): 84-95.

[108] Zhang R J,Zhang G,Tang J H,et al. Levels, spatial distribution and sources of selected antibiotics in the East River (Dongjiang), South China[J]. Aquatic Ecosystem Health & Management,2012,15(2):210-218.

[109] Kasprzyk-Hordern B,Dinsdale R M,Guwy A J. Erratum to "The removal of pharmaceuticals, personal care products, endocrine disruptors and illicit drugs during wastewater treatment and its impact on the quality of receiving waters" [Water Research 43 (2009) 2][J]. Water Research, 2010, 44(6): 2076-2076.

[110] Kobayashi T,Suehiro F,Cach Tuyen B,et al. Distribution and diversity of tetracycline resistance genes encoding ribosomal protection proteins in Mekong river sediments in Vietnam[J]. FEMS Microbiol Ecol, 2007, 59(3): 729-737.

[111] Chen H,Li X J,Zhu S C. Occurrence and distribution of selected pharmaceuticals and personal care products in aquatic environments: a comparative study of regions in China with different urbanization levels[J]. Environmental Science & Pollution Research, 2012, 19(6): 2381-2389.

[112] Gao L H,Shi Y L,Li W H,et al. Occurrence, distribution and bioaccumulation of antibiotics in the Haihe River in China[J]. Journal of Environmental Monitoring, 2012, 14(4): 1248-1255.

[113] Moiwo J P,Yang Y H,Li H L,et al. Impact of water resource exploitation on the hydrology and water storage in Baiyangdian Lake[J]. Hydrological Processes, 2010, 24(21): 3026-3039.

[114] Beretta M, Britto V, Tavares T M, et al. Occurrence of pharmaceutical and personal care products (PPCPs) in marine sediments in the Todos os Santos Bay and the north coast of Salvador, Bahia, Brazil [J]. Journal of Soils and Sediments,2014,14(7):1278-1286.

[115] Zhou L J,Ying G G,Zhao J L,et al. Trends in the occurrence of human and veterinary antibiotics in the sediments of the Yellow River, Hai River and Liao River in northern China[J]. Environmental Pollution, 2011, 159(7): 1877-1885.

[116] Cheng D,Liu X,Wang L,et al. Seasonal variation and sediment-water exchange of antibiotics in a shallower large lake in North China[J]. Science of the Total Environment,2014,476-477:266-275.

[117] Kim S C, Carlson K. Temporal and spatial trends in the occurrence of human and veterinary antibiotics in aqueous and river sediment matrices[J]. Environment Science & Technology, 2007, 41(1): 50-57.

[118] Li W H, Gao L H, Shi Y L, et al. Spatial distribution, temporal variation and risks of parabens and their chlorinated derivatives in urban surface water in Beijing, China[J]. Science of the Total Environment, 2016, 539: 262-270.

[119] Muñoz I, José G M, Molinadíaz A, et al. Ranking potential impacts of priority and emerging pollutants in urban wastewater through life cycle impact assessment[J]. Chemosphere, 2008, 74(1): 37-44.

[120] Schwab B W, Hayes E P, Fiori J M, et al. Human pharmaceuticals in US surface waters: A human health risk assessment[J]. Regulatory Toxicology & Pharmacology, 2005, 42(3): 296-312.

[121] Bu Q, Wang B, Huang J, et al. Pharmaceuticals and personal care products in the aquatic environment in China: A review[J]. Journal of Hazardous Materials, 2013, 262(22): 189-211.

[122] Ji K, Kim S C, Han S M, et al. Risk assessment of chlortetracycline, oxytetracycline, sulfamethazine, sulfathiazole, and erythromycin in aquatic environment: are the current environmental concentrations safe? [J]. Ecotoxicology, 2012, 21(7): 2031-2050.

[123] Isidori M, Lavorgna M, Nardelli A, et al. Toxic and genotoxic evaluation of six antibiotics on non-target organisms[J]. Science of the Total Environment, 2005, 346(1-3): 87-98.

[124] Liu R Z, Liu J, Zhang Z J, et al. Accidental water pollution risk analysis of mine tailings ponds in guanting reservoir watershed, Zhangjiakou, China[J]. International Journal of Environmental Research, 2015, 12(12): 15269-15284.

[125] Wang T Y, Chen C L, Naile J E, et al. Perfluorinated compounds in water, sediment and soil from Guanting Reservoir, China[J]. Bulletin of Environmental Contamination & Toxicology, 2011, 87(1): 74-79.

[126] Wang C, Shan B, Tang W, et al. Heavy metal speciation in the surface sediments of Yang River System (Guanting Reservoir)[J]. Acta Scientiae Circumstantiae, 2017.

[127] Wang C, Shan B Q, Tang W Z, et al. Heavy metal speciation in the surface sediments of Yang River System (Guanting Reservoir)[J]. Acta Scientiae Circumstantiae, 2017.

[128] Wang T Y, Lü Y L, Luo W, et al. Heavy metal and pesticide residues in soils around the Guanting Reservoir and environmental risk assessment[J]. Journal of Ecology & Rural Environment, 2006, 22(4): 57-61.

[129] Huang S B, Wang Z J, Xu Y P, et al. Distribution, sources and potential toxicological significance of polycyclic aromatic hydrocarbons(PAHs) in Guanting Reservoir sediments, China[J]. Journal of Environmental Sciences (China), 2005, 17(1): 48-53.

[130] Sebastine I M, Wakeman R J. Consumption and environmental hazards of pharmaceutical substances in the UK[J]. Process Safety & Environmental Protection, 2003, 81(4): 229-235.

[131] Zhang X, Wu F, Wu X W, et al. Photodegradation of acetaminophen in TiO(2) suspended solution[J]. Journal of Hazardous Materials, 2008, 157(2-3): 300-307.

[132] Jia W, Zhang L X. Challenges and opportunities in the chinese herbal drug industry[M]. City: Humana Press, 2005.

[133] Chen K, Zhou J L. Occurrence and behavior of antibiotics in water and sediments from the Huangpu River, Shanghai, China[J]. Chemosphere, 2014, 95(5): 604.

[134] Wu C, Huang X, Witter J D, et al. Occurrence of pharmaceuticals and personal care products and associated environmental risks in the central and lower Yangtze river, China[J]. Ecotoxicology & Environ-

mental Safety, 2014,106:19-26.

[135] Kasprzyk-Hordern B,Dinsdale R M, Guwy A J. Response to Randhir P. Deo and Rolf U. Halden's comments regarding'the removal of pharmaceuticals, personal care products, endocrine disruptors and illicit drugs during wastewater treatment and its impact on the quality of receiving waters'by Kasprzy [J]. Water Research, 2010, 44(8): 2688-2690.

[136] Kobayashi T,Suehiro F,Cach T B,et al. Distribution and diversity of tetracycline resistance genes encoding ribosomal protection proteins in Mekong river sediments in Vietnam[J]. FEMS Microbiol Ecol, 2007, 59(3): 729-737.

[137] Li W H,Shi Y L,Gao L H,et al. Occurrence of antibiotics in water, sediments, aquatic plants, and animals from Baiyangdian Lake in North China[J]. Chemosphere, 2012, 89(11): 1307-1315.

[138] Gao L R,Shi Y L,Li W H,et al. Occurrence, distribution and bioaccumulation of antibiotics in the Haihe River in China[J]. Journal of Environmental Monitoring Jem, 2012, 14(4): 1248.

[139] Klosterhaus S L,Grace R,Hamilton M C,et al. Method validation and reconnaissance of pharmaceuticals, personal care products, and alkylphenols in surface waters, sediments, and mussels in an urban estuary[J]. Environment International,2013,54(5):92-99.

[140] Beretta M, Britto V, Tavares T M, et al. Occurrence of pharmaceutical and personal care products (PPCPs) in marine sediments in the Todos os Santos Bay and the north coast of Salvador, Bahia, Brazil [J]. Journal of Soils & Sediments,2014,14(7):1278-1286.

[141] Hajj-Mohamad M,Aboulfadl K, Darwano H,et al. Wastewater micropollutants as tracers of sewage contamination: analysis of combined sewer overflow and stream sediments[J]. Environmental Science Processes & Impacts, 2014, 16(10): 2442-2450.

[142] Dai G H,Wang B,Huang J,et al. Occurrence and source apportionment of pharmaceuticals and personal care products in the Beiyun River of Beijing, China[J]. Chemosphere, 2015, 119: 1033-1039.

[143] Luo Y,Guo W, Ngo H H,et al. A review on the occurrence of micropollutants in the aquatic environment and their fate and removal during wastewater treatment[J]. Science of the Total Environment, 2014, 473-474(3): 619.

[144] Jacobsen A M, Hallingsørensen B,Ingerslev F,et al. Simultaneous extraction of tetracycline, macrolide and sulfonamide antibiotics from agricultural soils using pressurised liquid extraction, followed by solid-phase extraction and liquid chromatography-tandem mass spectrometry[J]. Journal of Chromatography A, 2004, 1038(1-2): 157-170.

[145] Chen Y S,Yu S,Hong Y W,et al. Pharmaceutical residues in tidal surface sediments of three rivers in southeastern China at detectable and measurable levels[J]. Environmental Science & Pollution Research, 2013, 20(12): 8391-8403.

[146] Gardinalia P R,Zhao X. Trace determination of caffeine in surface water samples by liquid chromatography - Atmospheric pressure chemical ionization - Mass spectrometry (LC-APCI-MS)[J]. Environment International, 2002, 28: 521-528.

[147] Seiler R L,Zaugg S D,Thomas J M,et al. Caffeine and pharmaceuticals as indicators of waste water contamination in wells[J]. Ground Water,2010,37(3):405-410.

[148] Tong L,Eichhorn P,Perez S,et al. Photodegradation of azithromycin in various aqueous systems under simulated and natural solar radiation: kinetics and identification of photoproducts[J]. Chemosphere, 2011, 83(3): 340-348.

[149] Chen Y S,Yu S,Hong Y W,et al. Pharmaceutical residues in tidal surface sediments of three rivers in

southeastern China at detectable and measurable levels[J]. Environmental Science & Pollution Research, 2013, 20(12): 8391-8403.

[150] Kasprzyk-Hordern B, Dinsdale R M, Guwy A J. The removal of pharmaceuticals, personal care products, endocrine disruptors and illicit drugs during wastewater treatment and its impact on the quality of receiving waters[J]. Water Research, 2009, 43(2): 363-380.

[151] Awad Y M, Kim S C, Abd El-Azeem S A M, et al. Veterinary antibiotics contamination in water, sediment, and soil near a swine manure composting facility[J]. Environmental Earth Sciences, 2013, 71(3): 1433-1440.

[152] Jiang M X, Wang L H, Ji R. Biotic and abiotic degradation of four cephalosporin antibiotics in a lake surface water and sediment[J]. Chemosphere, 2010, 80(11): 1399-1405.

[153] Quinn B, Gagné F, Blaise C. An investigation into the acute and chronic toxicity of eleven pharmaceuticals (and their solvents) found in wastewater effluent on the cnidarian, Hydra attenuata[J]. Science of the Total Environment, 2008, 389(2-3): 306-314.

[154] Sanderson H, Johnson D J, Wilson C J, et al. Probabilistic hazard assessment of environmentally occurring pharmaceuticals toxicity to fish, daphnids and algae by ECOSAR screening[J]. Toxicology Letters, 2003, 144(3): 383-395.

[155] Reiss R, Mackay N, Habig C, et al. An ecological risk assessment for triclosan in lotic systems following discharge from wastewater treatment plants in the United States[J]. Environmental Toxicology & Chemistry, 2002, 21(11): 2483-2492.

[156] Tamura I, Kagota K I, Yasuda Y, et al. Ecotoxicity and screening level ecotoxicological risk assessment of five antimicrobial agents: triclosan, triclocarban, resorcinol, phenoxyethanol and p-thymol[J]. Journal of Applied Toxicology, 2013, 33(11): 1222-1229.

[157] Caldwell D J, Mastrocco F, Anderson P D, et al. Predicted-no-effect concentrations for the steroid estrogens estrone, 17Î±-estradiol, estriol, and 17Î±-ethinylestradiol[J]. Environmental Toxicology & Chemistry, 2012, 31(6): 1396-1406.

[158] Carlsson C, Johansson A K, Alvan G, et al. Are pharmaceuticals potent environmental pollutants? Part I: environmental risk assessments of selected active pharmaceutical ingredients[J]. Science of the Total Environment, 2006, 364(1-3): 88-95.

[159] Cabeza Y, Candela L, Ronen D, et al. Monitoring the occurrence of emerging contaminants in treated wastewater and groundwater between 2008 and 2010. The Baix Llobregat (Barcelona, Spain)[J]. Journal of Hazardous Materials, 2012, s 239-240(4): 32-39.

[160] Tran N H, Li J, Hu J, et al. Occurrence and suitability of pharmaceuticals and personal care products as molecular markers for raw wastewater contamination in surface water and groundwater[J]. Environmental Science & Pollution Research, 2014, 21(6): 4727-4740.

[161] Petrović M, Škrbić B, Živančev J, et al. Determination of 81 pharmaceutical drugs by high performance liquid chromatography coupled to mass spectrometry with hybrid triple quadrupole-linear ion trap in different types of water in Serbia[J]. Science of the Total Environment, 2014, 468-469: 415-426.

[162] Wolf L, Zwiener C, Zemann M. Tracking artificial sweeteners and pharmaceuticals introduced into urban groundwater by leaking sewer networks[J]. Science of the Total Environment, 2012, 430(14): 8-19.

[163] Schaider L A, Rudel R A, Ackerman J M, et al. Pharmaceuticals, perfluorosurfactants, and other organic wastewater compounds in public drinking water wells in a shallow sand and gravel aquifer[J]. Science of the Total Environment, 2014, 468-469: 384-393.

[164] López-Serna R, Jurado A, Vázquez-Suñé E, et al. Occurrence of 95 pharmaceuticals and transformation products in urban groundwaters underlying the metropolis of Barcelona, Spain[J]. Environmental Pollution, 2013, 174:305-315.

[165] Gottschall N, Topp E, Metcalfe C, et al. Pharmaceutical and personal care products in groundwater, subsurface drainage, soil, and wheat grain, following a high single application of municipal biosolids to a field[J]. Chemosphere, 2012, 87(2): 194-203.

[166] Tong L, Huang S B, Wang Y X, et al. Occurrence of antibiotics in the aquatic environment of Jianghan Plain, Central China[J]. Science of the Total Environment, 2014, s 497-498: 180-187.

[167] Hu X G, Zhou Q X, Luo Y. Occurrence and source analysis of typical veterinary antibiotics in manure, soil, vegetables and groundwater from organic vegetable bases, northern China[J]. Environmental Pollution, 2010, 158(9): 2992-2998.

[168] Radović T, Grujić S, Petković A, et al. Determination of pharmaceuticals and pesticides in river sediments and corresponding surface and ground water in the Danube River and tributaries in Serbia[J]. Environmental Monitoring & Assessment, 2015, 187(1):4092.

[169] Zemann M, Wolf L, Grimmeisen F, et al. Tracking changing X-ray contrast media application to an urban-influenced karst aquifer in the Wadi Shueib, Jordan[J]. Environmental Pollution, 2015, 198:133-143.